AI
短视频

从ChatGPT文案到视频生成

雨　佳◎编著

U0261098

中国铁道出版社有限公司
CHINA RAILWAY PUBLISHING HOUSE CO., LTD.

图书在版编目（CIP）数据

AI短视频：从ChatGPT文案到视频生成 / 雨佳编著.
北京：中国铁道出版社有限公司，2024.8. -- ISBN 978-
7-113-31357-9

Ⅰ. TN948.4-39

中国国家版本馆CIP数据核字第20248HD949号

书　名：AI 短视频——从 ChatGPT 文案到视频生成
　　　　AI DUANSHIPIN：CONG ChatGPT WEN'AN DAO SHIPIN SHENGCHENG
作　者：雨　佳

责任编辑：杨　旭　　编辑部电话：（010）51873274　　电子邮箱：823401342@qq.com
封面设计：宿　萌
责任校对：刘　畅
责任印制：赵星辰

出版发行：中国铁道出版社有限公司（100054，北京市西城区右安门西街 8 号）
印　　刷：河北宝昌佳彩印刷有限公司
版　　次：2024 年 8 月第 1 版　　2024 年 8 月第 1 次印刷
开　　本：710 mm×1 000 mm 1/16　印张：13.25　字数：230 千
书　　号：ISBN 978-7-113-31357-9
定　　价：79.00 元

　　在这个数字化时代，短视频已经成为信息传播和创意表达的重要载体。要想在激烈的竞争中脱颖而出，创作者们需要不断探索和创新，而 AI 的出现则为创作者提供了更多新创意。本书每一章都围绕不同的视频主题展开，从 ChatGPT 生成文案开始，再结合各种工具生成视频，涵盖了从创意构思到最终呈现的整个流程。

　　系统的内容覆盖：本书内容包含 20 个短视频创作的主题，涵盖了不同的领域和行业，如护肤技巧、城市夜景、商品主图、口播带货、探店打卡等，读者可以根据自己的需求选择感兴趣的主题进行学习。

　　实用的操作指南：本书以具体的操作步骤和 80 多个实际案例来介绍从文案到视频生成的全过程，读者可以跟随书中的指导来学习和实践，快速掌握 AI 短视频创作的技巧和方法。

　　多样的工具应用：本书介绍了多种 AI 辅助视频制作工具的使用方法，包括一帧秒创、Midjourney、不咕剪辑、KreadoAI、FlexClip、必剪、快影剪、PiKa、Runway等，读者可以根据自己的需求和偏好选择合适的工具进行短视频创作。

❑ **20 章专题内容讲解**

本书体系结构完整，由浅入深地对 AI 短视频的基础知识和制作技巧进行了细致的讲解，帮助读者快速掌握 AI 短视频的核心知识。同时每章结尾处都添加了知识小结和课后习题，便于读者巩固所学知识和加强综合应用能力。

❑ **80 多个干货知识放送**

本书侧重实用性，读者通过书中的干货知识可以逐步掌握 AI 短视频制作的核心内容，可使其从新手快速成长为 AI 短视频应用高手。

❑ **110 多分钟教学视频演示**

本书的技能实例已全部录制成带语音讲解的演示视频，总时长 110 多分钟，重现书中所有的干货信息，读者既可以结合本书，也可以独立观看视频教程，像看电影一样进行学习，让整个过程既轻松又高效。

❑ **360 多张图片详解**

本书以 360 多张图片对 AI 短视频进行全程式的讲解，通过大量的辅助图片，让课程内容变得通俗易懂，读者可以一目了然，快速领会所学知识，极大地提高学习效率，且印象会更加深刻。

如果读者需要获取书中案例的素材、效果和视频，请使用微信"扫一扫"功能按需扫描对应的二维码即可。

作　者

2024 年 5 月

目　　录

第13章　《沿途风景记录》：运用剪映素材包生成　88

第14章　《房地产宣传片》：运用剪映数字人生成　97

第**18**章 《抖音电商带货》：运用腾讯智影数字人
模板生成 155

第**19**章 《四季变化视频》：运用 PiKa 上传图片
素材生成 162

第20章 《花中的四君子》：运用 Runway 图像转视频生成 180

第 1 章

《护肤技巧分享》：
运用一帧秒创图文
转视频生成

在一帧秒创中，用户可以先用 ChatGPT 生成对应的文案，再运用"图文转视频"功能进行视频的生成。另外，如果用户对视频效果有自己的想法，还可以对视频素材进行替换，让生成的视频更符合自身的需求。本章将以生成《护肤技巧分享》视频为例，为大家讲解具体的操作技巧。

扫码看效果

1.1 使用 ChatGPT 生成护肤技巧文案

在生成护肤技巧文案时，用户需要将自己对文案的要求描述清楚，以便 ChatGPT 更好地理解并生成相关文案，具体操作步骤如下。

扫码看视频

▶▶ 步骤 1　打开 ChatGPT 的聊天窗口，单击底部的输入框，如图 1-1 所示。

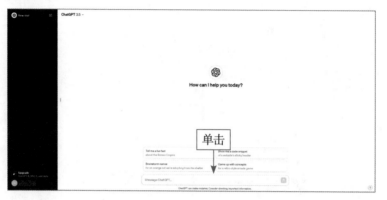

图 1-1　单击底部的输入框

▶▶ 步骤 2　在 ChatGPT 的输入框中输入相应的提示词，如"请为我生成一篇 200 字左右的护肤技巧文案"，如图 1-2 所示。

图 1-2　输入相应的提示词

▶▶ 步骤 3　单击输入框右侧的发送按钮↑或按【Enter】键，随后 ChatGPT 即可根据要求生成相应的护肤技巧文案，如图 1-3 所示。

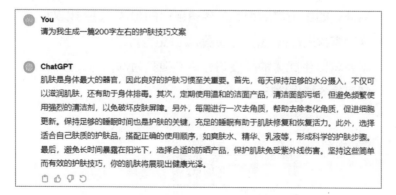

图 1-3　ChatGPT 生成相应的护肤技巧文案

1.2 使用一帧秒创的图文转视频生成视频

用户获得文案后，就可以借助"图文转视频"功能进行视频的生成了。下面介绍在一帧秒创中运用"图文转视频"功能生成视频的具体操作步骤。

扫码看视频

▶▶ 步骤1 选择 ChatGPT 回复的文案内容，在文案上右击，在弹出的快捷菜单中选择"复制"选项，如图 1-4 所示，复制 ChatGPT 生成的文案内容。

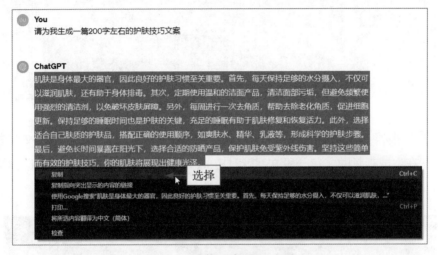

图 1-4 选择"复制"选项

▶▶ 步骤2 登录并进入一帧秒创的"首页"页面，单击"图文转视频"面板中的"去创作"按钮，如图 1-5 所示。

图 1-5 单击"图文转视频"面板中的"去创作"按钮

▶▶ 步骤3 执行操作后，进入"图文转视频"页面，按【Ctrl + V】组合键将刚刚复制的文案粘贴到文本框中，单击"下一步"按钮，如图1-6所示。

图 1-6　单击"下一步"按钮（1）

▶▶ 步骤4 执行操作后，进入"编辑文稿"页面，系统会自动对文案进行分段，在生成视频时，每一段文案就对应一段素材，如果用户不需要进行调整，单击"下一步"按钮，即可开始生成相应的视频，如图1-7所示。

图 1-7　单击"下一步"按钮（2）

专家提醒：即便是同样的文本内容，使用"图文转视频"功能生成的视频也可能不一样，因此用户需要根据视频的实际情况选择性地进行调整和剪辑。

▶▶ 步骤5 稍等片刻，即可进入"创作空间"页面，在此页面中可查看自动生成的视频效果，如图1-8所示。

图 1-8　查看生成的视频效果

1.3　使用一帧秒创替换不适合的素材

虽然使用一帧秒创自动生成视频比较方便，但是这样生成的视频可能效果欠佳。对此，用户可以将不合适的素材替换掉，从而提升整个视频的质量。下面介绍在一帧秒创中替换素材的具体操作步骤。

扫码看视频

▶▶ 步骤 1　将鼠标移至第一段素材上，在右下角显示的工具栏中单击"替换"按钮，如图 1-9 所示。

图 1-9　单击"替换"按钮

▶▶ 步骤 2　执行操作后，弹出相应的对话框，用户可以选择在线素材、账号上传的素材、AI 作画的效果、AI 视频的效果、表情包素材、最近使用的素材或收藏的素材进行替换。下面以替换 AI 作画的效果为例来说明，先切换至"AI作画"选项卡，单击"生成图片"按钮，如图 1-10 所示。

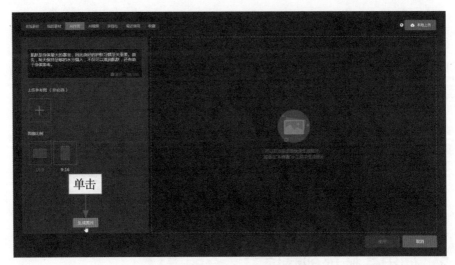

图 1-10   单击"生成图片"按钮

▶▶ 步骤3   执行操作后，一帧秒创会根据文案内容生成对应的 AI 图片，效果如图 1-11 所示。

图 1-11   一帧秒创根据文案内容生成对应的 AI 图片

专家提醒：在"AI 作画"选项卡中生成的图片是随机的，即便是同样的关键词，也会生成差别比较大的图片。如果第一次生成的图片不太满意，用户可以单击"重新生成"按钮，让一帧秒创再次生成 AI 图片。

▶▶ 步骤4   单击 AI 图片效果下方的"使用"按钮，即可用该 AI 图片替换原来的素材，如图 1-12 所示。

图 1-12　用 AI 图片替换原来的素材

▶▶ 步骤5　参照同样的操作,替换其他不合适的素材,效果如图 1-13所示。

图 1-13　替换其他不合适素材的效果

▶▶ 步骤6　单击界面上方的"生成视频"按钮,并根据提示进行操作,即可生成对应的《护肤技巧分享》视频,效果如图 1-14 所示。

图 1-14　《护肤技巧分享》视频的效果

第 2 章

《城市夜景欣赏》：运用美图秀秀一键大片生成

美图秀秀 App 作为一款强大的图像处理软件，除了能帮助用户轻松完成图片编辑之外，还提供了实用的视频编辑功能。其中，"一键大片"功能可以满足用户的 AI 视频创作需求，用户只需要完成导入素材和选择模板这两步，AI 就会自动完成模板的套用，生成新视频。用户可以先用 ChatGPT 生成对应的文案，再根据文案生成图片素材，最后将图片素材导入美图秀秀 App 中生成视频，本章就来具体进行说明。

扫码看效果

2.1　使用 ChatGPT 生成城市夜景文案

扫码看视频

在生成《城市夜景欣赏》视频时，用户可以先借助 ChatGPT 生成城市夜景的相关文案，具体如下。

 提问

请为我生成一篇 150 字左右的城市夜景文案。

 ChatGPT

夜幕降临，城市如一颗巨大的明珠，灯火辉煌，霓虹闪烁。高楼大厦点缀着星星般的灯光，勾勒出宛如流动诗篇的城市轮廓。霓虹灯在夜风中摇曳，繁星般闪耀的车流穿梭在城市大道，每一道车灯都是一颗流动的星辰。远处的摩天轮在夜空中绽放华彩，宛如仙境之门。城市的夜晚，是一场流光溢彩的盛宴，是璀璨的梦幻交响曲。在这霓虹绚丽的夜色中，人们仿佛漫步在未来之都，感受着城市夜晚的无尽魅力。

2.2　使用 Midjourney 生成城市夜景图片

扫码看视频

使用 ChatGPT 生成合适的文案之后，用户可以结合文案内容在 Midjourney 中生成城市夜景图片，具体操作步骤如下。

▶▶ 步骤 1　复制生成的文案中的部分内容（如文案的前两句），将其粘贴至百度翻译中，并翻译成英文词汇，如图 2-1 所示。

图 2-1　将文案的部分内容翻译成英文词汇

▶▶ 步骤 2　选中用百度翻译生成的英文词汇并右击，在弹出的快捷菜单中选择"复制"选项，如图 2-2 所示。需要注意的是，同样的中文，百度翻译给出的翻译可能有细微的差别，用户可以根据自身情况对翻译内容进行选择和调整。

图 2-2　选择"复制"选项

▶▷ 步骤3　在 Midjourney 下面的输入框内输入"/"（正斜杠符号），选择 /imagine 选项，如图 2-3 所示。

图 2-3　选择 /imagine 选项

▶▷ 步骤4　在输入框中粘贴刚刚复制的英文词汇，如图 2-4 所示。

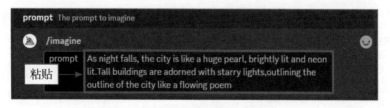

图 2-4　粘贴刚刚复制的英文词汇

▶▷ 步骤5　添加相关的参数词汇，如 4K --ar 16:9（4K 高清分辨率，宽高比为 16:9），如图 2-5 所示。

图 2-5　添加相关的参数词汇

▶▶ 步骤6　按【Enter】键发送，即可将粘贴和添加的词汇作为关键词生成四张图片，如图 2-6 所示。

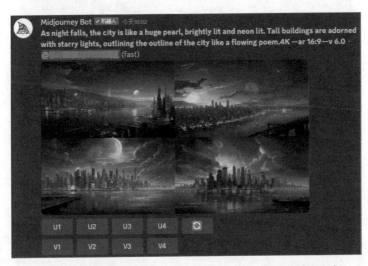

图 2-6　将粘贴和添加的词汇作为关键词生成四张图片

▶▶ 步骤7　单击对应的 U 按钮，如 U4 按钮，选择相对满意的图片，如图 2-7 所示。

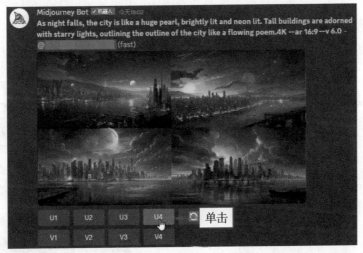

图 2-7　单击 U4 按钮

▶▶ 步骤8　执行操作后，Midjourney 将在第四张图片的基础上进行更加精细的刻画，并放大图片效果，如图 2-8 所示。

▶▶ 步骤9　参照同样的操作，使用文案的其他内容生成图片，并将这些图片作为视频素材备用。

图 2-8　放大图片效果

2.3　使用美图秀秀的一键大片生成视频

扫码看视频

用户将 Midjourney 制作的图片素材导入美图秀秀 App 中，并在"一键大片"面板中选择合适的模板，AI 会自动将素材包装成一个完整的视频，具体操作步骤如下。

▶▶ 步骤1　下载并打开美图秀秀 App，点击"首页"界面中的"视频剪辑"按钮，如图 2-9 所示。

▶▶ 步骤2　进入"最近项目"界面，选择相应的视频素材，点击"开始编辑"按钮，如图 2-10 所示，即可进入"视频剪辑"界面，并将素材导入视频轨道。

图 2-9　点击"视频剪辑"按钮

图 2-10　点击"开始编辑"按钮

▶▷ 步骤 3 　在界面下方的工具栏中点击"一键大片"按钮，如图 2-11 所示。

▶▷ 步骤 4 　弹出"一键大片"面板，选择喜欢的模板，如图 2-12 所示，即可套用模板生成视频。

图 2-11 　点击"一键大片"按钮

图 2-12 　选择喜欢的模板

▶▷ 步骤 5 　套用模板生成视频之后，用户可以点击"保存"按钮，将视频进行保存。图 2-13 为套用模板生成的《城市夜景欣赏》视频效果。

图 2-13 　套用模板生成的《城市夜景欣赏》视频效果

第3章

《商品主图视频》：
运用不咕剪辑视频
模板生成

不咕剪辑 App 的"视频模板"功能可以满足用户一键完成视频生成的需求，还支持对生成的视频进行自定义编辑，让视频效果更独特。用户可以先用 ChatGPT 生成商品主图视频的文案，再根据文案生成图片素材，最后将图片素材导入不咕剪辑 App 中生成视频，本章就来具体进行说明。

扫码看效果

3.1　使用 ChatGPT 生成商品描述文案

扫码看视频

在生成《商品主图视频》时，用户可以先借助 ChatGPT 生成商品描述文案，为生成图片准备好关键词，具体如下。

提问

请用 100 字左右对某款草莓的外观进行描述。

ChatGPT

这款草莓外观鲜红饱满，如艺术品般光洁，点缀着微小的果粒。果形完美曲线，翠绿果蒂为其增添一抹清新。整体外观生机勃勃，仿佛镀上了一层晶莹的红色琉璃。微妙的甜香扑鼻而来，预示着口感的美好。这是一款精致诱人的草莓，每一颗都是味觉盛宴中的鲜美珍品。

3.2　使用 Midjourney 生成商品图片

扫码看视频

使用 ChatGPT 生成合适的文案之后，用户可以结合文案内容在 Midjourney 中生成对应的商品图片，并将生成的图片作为视频素材备用，具体操作步骤如下。

▶▶ 步骤 1　复制生成的文案中的部分内容（如文案的第一句），将其粘贴至百度翻译中，并翻译成英文词汇，如图 3-1 所示。

图 3-1　将文案的部分内容翻译成英文词汇

▶▶ 步骤 2　选中用百度翻译生成的英文词汇并右击，在弹出的快捷菜单中选择"复制"选项，如图 3-2 所示。

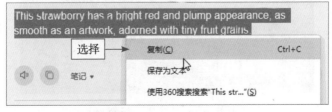

图 3-2　选择"复制"选项

▶▷ 步骤3 在 Midjourney 下面的输入框内输入"/"（正斜杠符号），选择 /imagine 选项，在输入框中粘贴刚刚复制的英文词汇，添加相关的参数词汇，如 4K --ar 16:9（4K 高清分辨率，宽高比为 16:9），如图 3-3 所示。

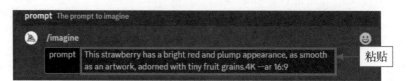

图 3-3 粘贴复制的英文词汇并添加相关的参数词汇

▶▷ 步骤4 按【Enter】键发送，即可将粘贴和添加的词汇作为关键词生成四张图片，如图 3-4 所示。

图 3-4 将粘贴和添加的词汇作为关键词生成四张图片

▶▷ 步骤5 单击对应的 U 按钮，如 U1 按钮，选择相对满意的图片，如图 3-5 所示。

图 3-5 单击 U1 按钮

▶▷ 步骤6 执行操作后，Midjourney 将在第一张图片的基础上进行更加精细的刻画，并放大图片效果，如图 3-6 所示。

图 3-6　放大图片效果

▶▷ 步骤7 参照同样的操作方法，使用文案的其他内容生成图片，并将这些图片作为视频素材备用。

3.3　使用不咕剪辑的视频模板生成视频

在"视频模板"界面中，不咕剪辑 App 提供了很多不同类型的模板，基本上能够满足用户的生活和工作需求，用户选择好模板后，添加对应数量和时长的素材，即可生成同款视频，具体操作步骤如下。

扫码看视频

▶▷ 步骤1 下载并打开不咕剪辑 App，进入"剪辑"界面，点击界面中的"视频模板"按钮，如图 3-7 所示。

▶▷ 步骤2 执行操作后，进入"视频模板"界面，点击"季节"按钮，在"季节"选项卡中选择合适的模板，如图 3-8 所示。

▶▷ 步骤3 进入模板预览界面，查看模板效果，点击界面下方的"使用模板"按钮，如图 3-9 所示。

▶▷ 步骤4 进入"相册"界面，选择图片素材，点击"下一步"按钮，即可开始生成视频，如图 3-10 所示。

▶▷ 步骤5 生成结束后，进入"使用模板"界面，查看生成的视频效果，点击要修改的文本，如图 3-11 所示。

▶▷ 步骤6 执行操作后会弹出一个文本框，在该文本框中修改文字内容，点击"确定"按钮即可，如图 3-12 所示。

▶▶ 步骤7 修改完成后，点击"导出视频"按钮，即可将视频保存。图 3-13 为套用模板生成的《商品主图视频》效果。

图 3-7 点击"视频模板"按钮

图 3-8 选择模板

图 3-9 点击"使用模板"按钮

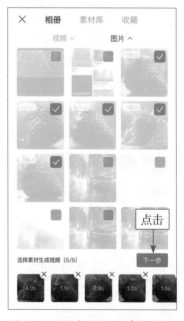

图 3-10 点击"下一步"按钮

图 3-11　点击要修改的文本

图 3-12　点击"确定"按钮

图 3-13　套用模板生成的《商品主图视频》效果

专家提醒：有时候套用模板之后的视频效果欠佳，对此，用户可以将生成的视频上传至后期处理软件中，对视频进行加工处理。如本章生成的视频后半部分颜色有些淡，用户可以通过后期处理来增加对比度和饱和度，降低曝光，让视频呈现出更好的效果。

第 **4** 章

《口播带货视频》：运用 Kreado AI 的文本配音生成

Kreado AI 是一个专注于多语言 AI 视频创作的工具，用户只需要输入文本或关键词，就能创作出令人惊叹的视频效果。无论是真实人物还是虚拟角色，Kreado AI 都能够通过 AI 技术将其形象栩栩如生地呈现在视频中。用户可以先用 ChatGPT 生成对应的文案，再将文案输入 Kreado AI 中生成视频，本章就来讲解具体的操作技巧。

扫码看效果

4.1 使用 ChatGPT 生成口播带货文案

扫码看视频

在生成《口播带货视频》时，用户可以先借助 ChatGPT 生成口播带货的相关文案，具体如下。

☀ 提问

请生成一条关于发卡的口播带货文案，控制在 150 字左右。

☀ ChatGPT

嘿，亲爱的美女们！今天给你们推荐一款必备的时尚利器——「星辰魅影发卡」！独特的星光设计，点亮你的发型，让你在人群中熠熠生辉。多款风格，搭配自如，轻松打造个性造型。精选高质材料，舒适贴合头发，不仅美观时尚，更是耐用实用。现在购买，限时特惠进行中！点击链接，让「星辰魅影发卡」成为你每天发型的小亮点，让你更加迷人耀眼！[商品链接]

4.2 使用 Kreado AI 生成口播带货的配音

扫码看视频

无论是电商广告、教育培训还是电子书籍，Kreado AI 的 "AI 文本配音" 功能都能为用户提供极大的便利，让他们能够快速生成高质量的声音文件。这种人工智能技术的应用，不仅提升了内容的可访问性，同时也为各行业的创作和传播带来了全新的可能性。下面介绍在 Kreado AI 中使用 AI 生成口播带货配音的具体操作步骤。

▶▶ 步骤 1　登录并进入 Kreado AI 首页，单击 "开始免费试用" 按钮，如图 4-1 所示。

图 4-1　单击 "开始免费试用" 按钮

▶▷ 步骤2 执行操作后，进入 AIGC 数字营销创作平台的默认页面，单击"真人数字人口播"面板中的"开始创作"按钮，如图 4-2 所示。

图 4-2　单击"开始创作"按钮

▶▷ 步骤3 执行操作后，即可进入"数字人视频创作"页面，单击"照片数字人"按钮，如图 4-3 所示，进行选项卡的切换。

图 4-3　单击"照片数字人"按钮

▶▷ 步骤4 切换至"照片数字人"选项卡，在该选项卡中选择合适的照片数字人，如图 4-4 所示。

图 4-4　选择合适的照片数字人

▶▶ 步骤 5　在右侧的"文本驱动"选项卡中设置数字人的播报声音，在输入框中粘贴 ChatGPT 生成的口播带货文案，并对文案内容进行适当调整，如图 4-5 所示。

▶▶ 步骤 6　单击"试听"按钮，如图 4-6 所示，试听数字人播报内容。

图 4-5　对文案内容进行适当调整

图 4-6　单击"试听"按钮

专家提醒：如果觉得播报的声音不合适，可以调整数字人的播报设置，再次试听播报内容，并从试听的播报内容中选择自己比较满意的声音。

4.3 使用 Kreado AI 生成数字人口播素材

虚拟数字人主播是指通过计算机生成的虚拟人物充当主播的角色，以进行直播或录播节目。这些数字人主播都具备逼真的外貌、表情和声音，并能够与观众进行互动交流。下面介绍在 Kreado AI 中生成数字人口播素材的具体操作步骤。

扫码看视频

▶▶ 步骤1 单击 ✎ 按钮将视频标题修改为"数字人口播素材"，开启"绿幕"功能，如图 4-7 所示。

图 4-7 开启"绿幕"功能

▶▶ 步骤2 在页面左上方单击"生成视频"按钮，如图 4-8 所示。

图 4-8 单击"生成视频"按钮

▶▶ 步骤3 执行操作后，弹出生成视频对话框，单击"开始生成视频"按钮，如图 4-9 所示。

▶▶ 步骤 4 执行操作后，单击账号名称，在弹出的列表框中选择"我的项目"选项，如图 4-10 所示。

图 4-9 单击"开始生成视频"按钮

图 4-10 选择"我的项目"选项

▶▶ 步骤 5 执行操作后，进入"我的项目"页面，即可查看生成的数字人口播素材，如图 4-11 所示。

图 4-11 查看生成的数字人口播素材

▶▶ 步骤 6 单击"我的项目"页面中的"下载高清视频"按钮↙，如图 4-12 所示，将数字人口播素材保存至计算机中备用。

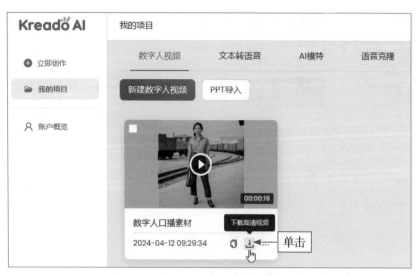

图 4-12　单击"下载高清视频"按钮↓

4.4　使用剪映合成数字人口播带货视频

　　Kreado AI 生成的数字人口播素材都是带有绿幕背景的，用户可以使用其他视频剪辑软件进行合成处理，如更换视频背景效果或做出想要的电商视频效果。下面介绍在剪映中合成视频效果的具体操作步骤。

扫码看视频

　　▶▷ 步骤 1　在剪映电脑版中导入数字人口播素材和背景素材，将它们添加到相应的轨道中，将背景素材的时长调整为与数字人口播素材一致，如图 4-13 所示。

图 4-13　调整背景素材的时长

▶▶ 步骤 2 生成的数字人口播素材中可能包含很多杂乱的背景，用户可以根据自身情况进行画面的裁剪，即选中数字人口播素材，单击"裁剪比例"按钮 ⛶，如图 4-14 所示。

图 4-14 单击"裁剪比例"按钮 ⛶

▶▶ 步骤 3 在弹出的"裁剪比例"对话框中对数字人口播素材的画面进行裁剪，单击"确定"按钮，完成裁剪，如图 4-15 所示。

图 4-15 单击"确定"按钮

▶▶ 步骤 4 选中数字人口播素材，对画面的位置大小信息进行设置，完成视频的制作。单击界面右上角的"导出"按钮，如图 4-16 所示，进行视频的导出。

《口播带货视频》：运用 Kreado AI 的文本配音生成

图 4-16　单击"导出"按钮

▶▶ 步骤5　在弹出的"导出"对话框中设置视频的导出信息，并单击"导出"按钮，即可将视频保存。图 4-17 为生成的数字人《口播带货视频》效果。

图 4-17　生成的数字人《口播带货视频》效果

第 **5** 章

《探店打卡视频》：
运用 FlexClip 视频
模板生成

FlexClip 是一个在线视频编辑平台，用户可以
在该平台上选择合适的模板，并在模板中替换自己准
备好的素材，快速完成视频的生成。用户可以先在
ChatGPT 中生成相关的文案，然后借助文案生成图
片素材，再将图片素材替换至 FlexClip 的模板中生成
视频。

扫码看效果

5.1 使用 ChatGPT 生成探店打卡文案

扫码看视频

在生成《探店打卡视频》时，用户可以先借助 ChatGPT 生成探店打卡文案，具体如下。

提问

请生成一篇关于咖啡店的探店打卡文案，要求：说清楚店内环境和代表性的产品，150 字左右。

ChatGPT

探寻城市一隅，发现「悠馨咖啡屋」，如一处宁静的艺术殿堂。落地窗边的舒适沙发、淡雅的绿植，构成了清新自然的室内风光。店内弥漫着浓郁的咖啡香，手冲咖啡是这里的代表，深厚香醇，每一杯都是独一无二的体验。特色甜点「绵绵蜜语」更是一绝，松软细腻，令人回味无穷。独特的手作艺品角落更是吸引眼球。在这里，咖啡不仅是饮品，更是一场放慢脚步的艺术之旅。一杯香醇咖啡，一份精致甜点，让每一位探店的你，在悠馨咖啡屋找到心灵的宁静与享受。

5.2 使用 Midjourney 生成探店打卡图片

扫码看视频

使用 ChatGPT 生成合适的文案之后，用户可以结合文案内容在 Midjourney 中生成对应的探店打卡图片，并将生成的图片作为视频素材备用，具体操作步骤如下。

▶▶ 步骤 1 复制生成的文案中的部分内容（如文案的第二句），将其粘贴至百度翻译中，加上相关的信息（如在前面加上"咖啡店"），并翻译成英文词汇，如图 5-1 所示。

图 5-1 将文案的部分内容加上相关信息并翻译成英文词汇

▶▶ 步骤 2 选中用百度翻译生成的英文词汇并右击，在弹出的快捷菜单中选择"复制"选项，如图 5-2 所示。

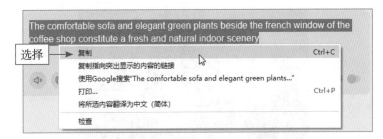

图 5-2　选择"复制"选项

▶▷ 步骤3　在 Midjourney 下面的输入框内输入"/"（正斜杠符号），选择/imagine选项,在输入框中粘贴刚刚复制的英文词汇,添加相关的参数词汇,如 8K --ar 16:9（8K 高清分辨率，宽高比为 16:9），如图 5-3 所示。

图 5-3　粘贴复制的英文词汇并添加相关的参数词汇

▶▷ 步骤4　按【Enter】键发送，即可将粘贴和添加的词汇作为关键词生成四张图片，单击对应的 U 按钮，如 U3 按钮，选择相对满意的图片，如图 5-4 所示。

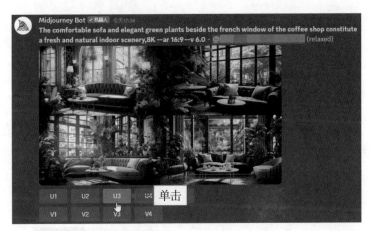

图 5-4　单击 U3 按钮

▶▷ 步骤5　执行操作后，Midjourney 将在第三张图片的基础上进行更加精细的刻画，并放大图片效果，如图 5-5 所示。

▶▷ 步骤6　参照同样的操作方法，使用文案的其他内容生成图片，并将这些图片作为视频素材备用。

图 5-5　放大图片效果

5.3　使用 FlexClip 的模板进入编辑页面

FlexClip 有非常丰富的视频模板资源，用户可以根据需求在相应分类中选择视频模板进行生成。下面介绍在 FlexClip 中使用模板生成视频的具体操作步骤。

扫码看视频

▶▶ 步骤 1　登录 FlexClip 平台并进入"模板"页面，单击"商业服务"右侧的下拉按钮，在弹出的下拉列表框中选择"咖啡店"选项，如图 5-6 所示。

图 5-6　选择"咖啡店"选项

▶▶ 步骤 2　执行操作后会显示所有与咖啡店相关的视频模板，选择相应的模板，单击"定制"按钮，如图 5-7 所示。

图 5-7　单击"定制"按钮

▶▷ 步骤3 执行操作后，即可打开对应的视频模板，并进入视频的编辑页面，如图 5-8 所示。

图 5-8 进入视频的编辑页面

专家提醒：因为 FlexClip 中的文字是直接在网络平台中翻译的，所以可能会存在部分内容翻译不准确，看上去像是乱码的情况。对于这种情况，我们此时可以选择忽略，因为后面还需要根据自身的素材对字幕内容进行调整。

5.4 使用 FlexClip 删除场景并替换素材

一个模板中通常包含了多段场景，用户可以根据自己素材的数量来删除多余的场景。调整完场景数量后，用户就可以上传自己的素材并进行替换了。下面介绍在 FlexClip 中删除场景并替换素材的操作步骤。

扫码看视频

▶▷ 步骤1 在"时间线"面板中，选择第 8 段场景，单击"删除"按钮 🗑，如图 5-9 所示，即可将其删除。

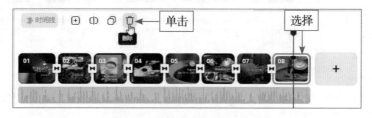

图 5-9 单击"删除"按钮 🗑

▶▷ 步骤2 用同样的操作方法，删除第 2、3、4、6 段场景（这些场景中

《探店打卡视频》：运用 FlexClip 视频模板生成

包含多个图层，无法直接替换素材），留下适合使用的三段场景，如图 5-10 所示。

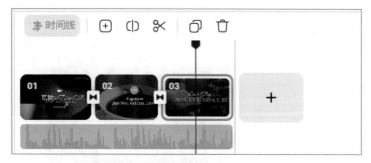

图 5-10　留下适合使用的三段场景

▶▶ 步骤3　在"媒体"面板中，单击"上传文件"按钮，如图 5-11 所示。

图 5-11　单击"上传文件"按钮

▶▶ 步骤4　在弹出的"打开"对话框中，选择对应的图片素材，单击"打开"按钮，如图 5-12 所示，即可完成图片素材的上传。

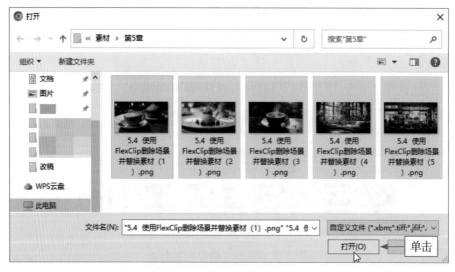

图 5-12　单击"打开"按钮

▶▶ 步骤5 用鼠标左键将第一张图片素材拖动至第 1 段场景中，如图 5-13 所示，释放鼠标左键，即可完成替换。

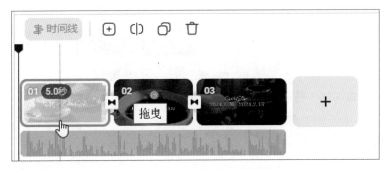

图 5-13　将第一张图片拖动至第 1 段场景中

▶▶ 步骤6 用同样的操作方法，将其他素材替换到对应场景中，效果如图 5-14 所示。

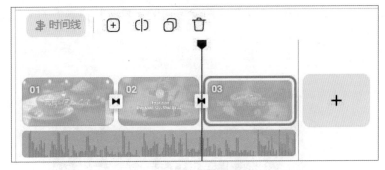

图 5-14　将其他素材替换到对应场景中

▶▶ 步骤7 移动某个剩余的素材至 ✚ 按钮上，将该素材作为新的场景，添加至视频轨道中，如图 5-15 所示。

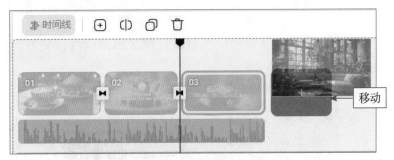

图 5-15　将某个素材作为新的场景添加至视频轨道中

▶▶ 步骤8 使用同样的操作方法，将最后一个素材作为新的场景添加至视频轨道中，效果如图 5-16 所示。

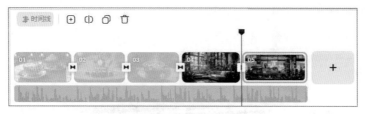

图 5-16　将最后一个素材作为新的场景添加至视频轨道中

5.5　使用 FlexClip 修改视频中的字幕

FlexClip 中的模板会带有字幕效果，只不过字幕大部分是英文，并且和用户的素材不一定匹配，因此，用户需要手动修改视频的字幕。下面介绍在 FlexClip 中修改视频字幕的操作步骤。

扫码看视频

▶▶ 步骤 1　选中第一个场景，删除多余的字幕，并将剩下的字幕修改为所需要的内容，如图 5-17 所示。

图 5-17　修改字幕内容

▶▶ 步骤 2　调整字幕轨道的长度，让整个画面呈现出更好的效果，如图 5-18 所示。

图 5-18　调整字幕轨道的长度

▶▷ 步骤 3　参照同样的操作，调整其他场景中的字幕，效果如图 5-19 所示。

图 5-19　调整其他场景中的字幕效果

5.6　使用 FlexClip 添加转场并导出视频

在 FlexClip 的模板上添加场景之后，新添加的场景之间可以通过使用转场来做好内容的衔接。下面介绍在 FlexClip 中添加转场的操作步骤。

扫码看视频

▶▷ 步骤 1　单击两个新添加场景之间的"过渡"按钮 |，如图 5-20 所示。

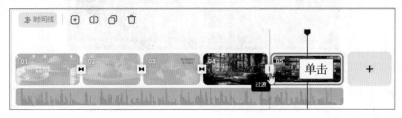

图 5-20　单击"过渡"按钮 |

▶▷ 步骤 2　在弹出的"过渡"面板中选择合适的转场效果，如选择"滑动"转场效果，如图 5-21 所示。

图 5-21　选择"滑动"转场效果

▶▷ 步骤3 执行操作后，▌按钮变成 ⋈ 按钮，说明转场效果添加成功，如图 5-22 所示。

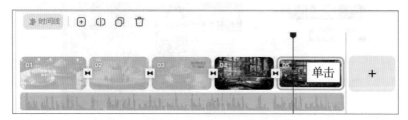

图 5-22　转场效果添加成功

▶▷ 步骤4 转场效果添加成功之后，便可以将视频导出了。单击页面右上角的"出口"按钮，如图 5-23 所示。

图 5-23　单击"出口"按钮

▶▷ 步骤5 在弹出的列表框中设置视频的导出信息，单击"导出带水印"按钮，如图 5-24 所示。

图 5-24　单击"导出带水印"按钮

▶▷ 步骤6 执行操作后，系统会自动渲染视频，视频渲染完成后，单击"下载视频"按钮，如图 5-25 所示，即可将视频下载。

图 5-25　单击"下载视频"按钮

▶▷ 步骤7 视频下载完成后，进入对应的文件夹，即可查看视频效果。图 5-26 为使用视频模板生成的《探店打卡视频》效果。

图 5-26　使用视频模板生成的《探店打卡视频》效果

第 **6** 章

《花卉照片欣赏》：
运用必剪自主创作
生成

必剪 App 功能全面，既有基础的剪辑工具能满足
用户的使用需求，又有实用的特色功能可以自动生成
好看的视频效果。用户可以先在 ChatGPT 中生成相
关的文案，然后借助文案生成图片素材，之后在必剪
App 中使用图片素材自主创作视频。

扫码看效果

6.1　使用 ChatGPT 生成花卉照片文案

扫码看视频

在生成《花卉照片欣赏》视频时，用户可以先借助 ChatGPT 生成花卉照片的文案，具体如下。

　提问

请用 100 字左右的文案简单描述某张玫瑰花的照片。

　ChatGPT

这张玫瑰花照片，如一曲悠扬的恋歌。花瓣绽放，如羽翼轻轻展开，红艳欲滴。微风拂过，花瓣舞动，如诗如画。清晨的露珠点缀其中，晶莹别透。花蕊深邃，散发出淡淡的芬芳。整个画面宛如一幅自然的杰作，捕捉到了花朵的柔美和生命的灿烂。

参照同样的操作，生成其他花卉照片的文案，为接下来生成相关的图片做好准备。

6.2　使用 Midjourney 生成花卉的照片

扫码看视频

使用 ChatGPT 生成花卉照片的文案之后，用户可以结合文案内容在 Midjourney 中生成对应的照片，并将生成的照片作为视频素材备用，具体操作步骤如下。

▶▶ 步骤 1　复制生成的文案内容，将其粘贴至百度翻译中进行简单调整，并翻译成英文词汇，如图 6-1 所示。

图 6-1　将文案内容进行调整并翻译成英文词汇

▶▶ 步骤 2　选中用百度翻译生成的英文词汇，并右击，在弹出的快捷菜单中选择"复制"选项，如图 6-2 所示。

▶▶ 步骤 3　在 Midjourney 下面的输入框内输入"/"（正斜杠符号），选择 /imagine 选项，在输入框中粘贴刚刚复制的英文词汇，添加相关的参数词汇，如 4K --ar 3:4（4K 高清分辨率，宽高比为 3:4），如图 6-3 所示。

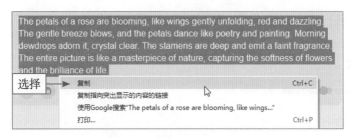

图 6-2　选择"复制"选项

图 6-3　粘贴复制的英文词汇并添加相关的参数词汇

▶▶ 步骤 4　按【Enter】键发送，即可将粘贴和添加的词汇作为关键词生成四张图片，单击对应的 U 按钮，如 U2 按钮，选择相对满意的图片，如图 6-4 所示。

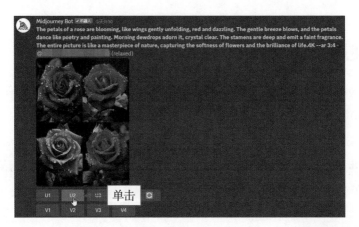

图 6-4　单击 U2 按钮

▶▶ 步骤 5　执行操作后，Midjourney 将在第二张图片的基础上进行更加精细的刻画，并放大图片效果，如图 6-5 所示。

▶▶ 步骤 6　参照同样的操作，生成其他的花卉图片，并将这些图片作为视频素材备用。

图 6-5　放大图片效果

6.3 使用必剪导入花卉的图片素材

用户可以将 Midjourney 生成的图片素材导入必剪 App，将图片变成视频，具体操作步骤如下。

扫码看视频

▶▶ 步骤 1 打开必剪 App，在"创作"界面中点击"开始创作"按钮，如图 6-6 所示。

▶▶ 步骤 2 执行操作后，进入"最近项目"界面，如图 6-7 所示。

图 6-6 点击"开始创作"按钮

图 6-7 进入"最近项目"界面

▶▶ 步骤 3 选择相应的图片素材，点击"下一步"按钮，如图 6-8 所示。

▶▶ 步骤 4 执行操作后，即可将图片素材变成一条视频，如图 6-9 所示。

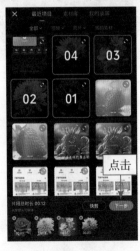

图 6-8 点击"下一步"按钮

图 6-9 将图片素材变成一条视频

专家提醒：必剪 App 会根据所选素材的顺序来生成视频，所以，在选择素材时，一定要注意前后的顺序不能乱。

6.4 使用必剪调整花卉视频的效果

将图片素材变成视频之后，用户可以继续使用必剪 App 调整花卉视频的效果，具体操作步骤如下。

扫码看视频

▶▶ 步骤 1　选择视频中多余的片段，点击 🗑 按钮，如图 6-10 所示。

▶▶ 步骤 2　执行操作后，在弹出的"是否确认删除"对话框中，点击"确定"按钮，如图 6-11 所示，将多余的素材删除。

图 6-10　点击🗑按钮　　　　　图 6-11　点击"确定"按钮

▶▶ 步骤 3　点击第一段和第二段素材之间的 | 按钮，如图 6-12 所示。

▶▶ 步骤 4　在弹出的"视频转场"面板中，选择合适的转场效果，点击"应用全部"按钮，如图 6-13 所示，将剩余的素材之间全部添加转场效果。

▶▶ 步骤 5　点击 ✓ 按钮，退出"视频转场"面板，拖动时间轴至视频起始位置，点击工具栏中的"音频"按钮，如图 6-14 所示。

▶▶ 步骤 6　进入"音乐库"界面，选择合适的音乐类型选项，如选择"国风"选项，如图 6-15 所示。

图 6-12　点击第一段和第二段素材
之间的 I 按钮

图 6-13　点击"应用全部"按钮

图 6-14　点击工具栏中的"音频"按钮

图 6-15　选择"国风"选项

▶▷ 步骤 7　进入"国风"界面，在该界面中选择音乐的起点，点击"使用"
按钮，如图 6-16 所示。

▶▷ 步骤 8　执行操作后，即可从选择的音乐起点开始，配上与视频长度一致的背景音乐，如图 6-17 所示。

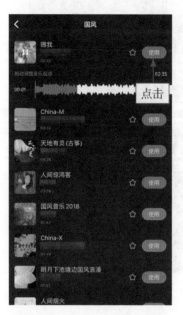

图 6-16　点击"使用"按钮　　　图 6-17　配上与视频长度一致的背景音乐

▶▷ 步骤⑨　点击 🔄 按钮，预览《花卉照片欣赏》的视频效果，如图 6-18 所示。如果用户对视频效果比较满意，可以点击"导出"按钮，设置导出信息，将视频保存。

图 6-18　预览《花卉照片欣赏》的视频效果

图 6-18　预览《花卉照片欣赏》的视频效果（续）

专家提醒：设置背景音乐时，必剪 App 会从选择的音乐起点开始，配上与视频长度一致的背景音乐，这可能会导致背景音乐和视频不太搭配。对此，用户可以多次进行尝试，看选择哪个音乐起点生成的背景音乐更合适。

第 **7** 章

《美少女变身》：
运用必剪搜索模板
生成

除了自主创作之外，用户还可以在必剪 App 中搜索合适的模板来生成视频。具体来说，用户可以先在 ChatGPT 中生成相关的文案，然后借助文案生成图片素材，之后在必剪 App 中搜索模板，并将图片素材套入模板生成视频。

扫码看效果

7.1 使用 ChatGPT 生成美少女描述文案

扫码看视频

在生成《美少女变身》视频时，用户可以先借助 ChatGPT 生成美少女的描述文案，具体如下。

 提问

请用 100 字左右的文案简单描述某位中国美少女的外貌。

 ChatGPT

她是一位中国美少女，清新脱俗的容颜宛如画中仙子。眸子晶莹灵动，透露出纯真与灵性。秀发如瀑，黑亮柔顺，微微飘逸。精致的五官，微笑间洋溢着甜美。肌肤白皙如玉，散发着淡淡花香。她既有东方女性的典雅，又透露着现代时尚的氛围，是一位兼具经典与时尚之美的中国美少女。

7.2 使用 Midjourney 生成美少女的照片

扫码看视频

使用 ChatGPT 生成美少女的描述文案之后，用户可以结合文案内容在 Midjourney 中生成对应的照片，并将生成的照片作为视频素材备用，具体操作步骤如下。

▶▶ 步骤 1　复制生成的文案内容，将其粘贴至百度翻译中并翻译成英文词汇，如图 7-1 所示。

图 7-1　将文案内容翻译成英文词汇

▶▶ 步骤 2　选中用百度翻译生成的英文词汇并右击，在弹出的快捷菜单中选择"复制"选项，如图 7-2 所示。

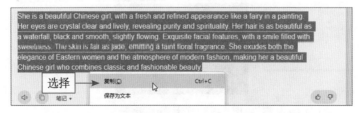

图 7-2　选择"复制"选项

《美少女变身》：运用必剪搜索模板生成

49

▶▷ 步骤 3 在 Midjourney 下面的输入框内输入"/"（正斜杠符号），选择 /imagine 选项，在输入框中粘贴刚刚复制的英文词汇，添加相关的参数词汇，如 4K --ar 3:4（4K 高清分辨率，宽高比为 3:4），如图 7-3 所示。

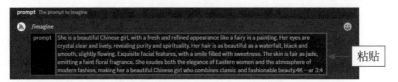

图 7-3 粘贴复制的英文词汇并添加相关的参数词汇

▶▷ 步骤 4 按【Enter】键发送，即可将粘贴和添加的词汇作为关键词生成四张图片，单击对应的 U 按钮，如 U2 按钮，选择相对满意的图片，如图 7-4 所示。

图 7-4 单击 U2 按钮

▶▷ 步骤 5 执行操作后，Midjourney 将在第二张图片的基础上进行更加精细的刻画，并放大图片效果，如图 7-5 所示。

图 7-5 放大图片效果

7.3 使用必剪搜索模板生成变身视频

在 Midjourney 中生成美少女图片之后，用户可以在必剪 App 中搜索视频模板，并套用模板生成视频，具体操作步骤如下。

▶▶ 步骤 1 进入必剪 App 的"创作"界面，点击"模板"按钮，如图 7-6 所示。

▶▶ 步骤 2 执行操作后，进入"模板"界面，点击界面上方的搜索框，如图 7-7 所示。

图 7-6　点击"模板"按钮　　　图 7-7　点击界面上方的搜索框

▶▶ 步骤 3 在"模板"界面的搜索框中输入模板关键词，点击"搜索"按钮，在搜索结果中选择相应的视频模板，如图 7-8 所示。

▶▶ 步骤 4 进入模板预览界面，查看模板效果，点击"剪同款"按钮，如图 7-9 所示。

图 7-8　选择相应模板　　　图 7-9　点击"剪同款"按钮

▶▶ 步骤5 进入"最近项目"界面，连续两次选择同一张图片素材，点击"下一步"按钮，如图 7-10 所示。

▶▶ 步骤6 执行操作后，会根据素材和所选的模板生成一条视频，如图 7-11 所示。

图 7-10 点击"下一步"按钮　　图 7-11 根据素材和所选的模板
生成一条视频

▶▶ 步骤7 视频生成完成后，跳转至相应界面预览视频效果，确认无误后，点击"导出"按钮，即可将视频导出。图 7-12 为使用必剪 App 搜索模板生成的《美少女变身》视频效果。

图 7-12 使用必剪 App 搜索模板生成的《美少女变身》视频效果

第 **8** 章

《热门卡点视频》：运用快影剪同款生成

快影 App 是快手旗下的视频编辑软件，用户可以借助它的"剪同款"功能快速用图片生成趣味性十足的视频，还可以一键分享至快手平台上，从而收获更多的关注。通常来说，用户可以先在 ChatGPT 中生成相关的文案，然后借助文案生成图片素材，之后在快影 App 中选择"剪同款"界面中的模板，并将图片素材套入模板生成视频。

扫码看效果

8.1 使用 ChatGPT 生成图片的描述文案

扫码看视频

在生成《热门卡点视频》时，用户可以先借助 ChatGPT 生成卡点图片素材的描述文案，具体如下。

 提问

请用 80 字左右的文案简单描述某位中国青年的外貌。

ChatGPT

他是一位中国青年，清澈眸子透着青春活力。略带休闲的发型，五官端正，流露出阳光自信。身形修长，穿着得体，显现出时尚品位。微笑间洋溢着青春的朝气，是个充满活力的中国青年。

8.2 使用 Midjourney 生成卡点视频的图片

扫码看视频

使用 ChatGPT 生成卡点图片的描述文案之后，用户可以结合文案内容在 Midjourney 中生成对应的图片，并将其作为视频素材备用，具体操作步骤如下。

▶▶ 步骤 1 复制生成的文案内容，将其粘贴至百度翻译中，并翻译成英文词汇，如图 8-1 所示。

图 8-1 将文案内容翻译成英文词汇

▶▶ 步骤 2 选中用百度翻译生成的英文词汇并右击，在弹出的快捷菜单中选择"复制"选项，如图 8-2 所示。

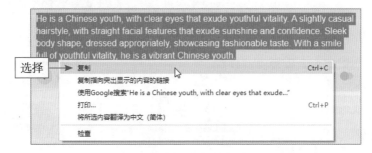

图 8-2 选择"复制"选项

▶▷ 步骤3 在 Midjourney 下面的输入框内输入"/"（正斜杠符号），
选择 /imagine 选项，在输入框中粘贴刚刚复制的英文词汇，添加相关的参数词汇，
如 4K --ar 3:4（4K 高清分辨率，宽高比为 3:4），如图 8-3 所示。

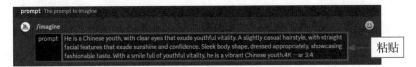

图 8-3 粘贴复制的英文词汇并添加相关的参数词汇

▶▷ 步骤4 按【Enter】键发送，即可将粘贴和添加的词汇作为关键词生
成四张图片，单击对应的 U 按钮，如 U2 按钮，选择相对满意的图片，如图 8-4
所示。

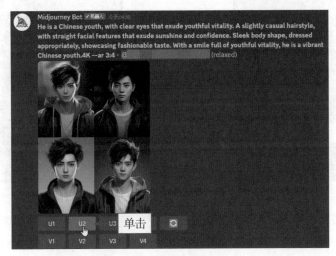

图 8-4 单击 U2 按钮

▶▷ 步骤5 执行操作后，Midjourney 将在第二张图片的基础上进行更加
精细的刻画，并放大图片效果，如图 8-5 所示。

图 8-5 放大图片效果

8.3 使用快影剪同款生成热门卡点视频

扫码看视频

　　快影 App 的"剪同款"功能为用户推荐了许多视频模板，用户可以选择模板来制作同款视频。下面介绍在快影 App 中运用"剪同款"功能生成卡点视频的操作步骤。

　　▶▷ 步骤 1　进入快影 App 的"剪辑"界面，点击"剪同款"按钮，如图 8-6 所示。

　　▶▷ 步骤 2　进入"剪同款"界面，点击界面上方的搜索框，如图 8-7 所示。

图 8-6　点击"剪同款"按钮　　　　图 8-7　点击界面上方的搜索框

　　▶▷ 步骤 3　在搜索框中输入关键词进行搜索，选择喜欢的模板，如图 8-8 所示。

　　▶▷ 步骤 4　进入模板预览界面，点击"制作同款"按钮，如图 8-9 所示。

图 8-8　选择喜欢的模板　　　　图 8-9　点击"制作同款"按钮

▶▷ 步骤5 执行操作后，进入"最近项目"界面，选择相应素材，点击"选好了"按钮，如图 8-10 所示，即可开始生成视频。

▶▷ 步骤6 稍等片刻，进入模板编辑界面，用户可以对素材、音乐、文字和封面等内容进行编辑，如果用户对视频效果感到满意，只需要点击界面右上角的"做好了"按钮即可，如图 8-11 所示。

图 8-10 点击"选好了"按钮　　　图 8-11 点击"做好了"按钮

▶▷ 步骤7 执行操作后，弹出"导出选项"对话框，用户可以点击对话框中的"无水印导出并分享"按钮，将视频导出并保存。图 8-12 为使用快影 App 剪同款生成的《热门卡点视频》效果。

图 8-12 使用快影 App 剪同款生成的《热门卡点视频》效果

第 **9** 章

《AI 婚纱视频》：
运用快影特效玩法
生成

快影 App 的"特效玩法"功能支持多种风格的 AI
绘画效果，用户可以选择合适的风格，制作 AI 婚纱视
频。另外，为了让视频更完整，用户还可以运用其他
功能制作前后变身的反差效果。通常来说，用户可以
先在 ChatGPT 中生成相关的文案，然后借助文案生
成图片素材，之后在快影 App 中选择合适的 AI 绘画
风格，即可将图片素材套入模板生成《AI 婚纱视频》。

扫码看效果

9.1 使用 ChatGPT 生成图片的描述文案

扫码看视频

在生成《AI 婚纱视频》时，用户可以先借助 ChatGPT 生成人像图片的描述文案，具体如下。

 提问

请用 80 字左右的文案简单描述某位年轻女性的外貌。

 ChatGPT

她是一位年轻女性，明亮眼眸透着清新。柔顺长发如瀑，微微飘动。精致五官，微笑间洋溢着青春的甜美。修长身材展现健康活力，时尚穿搭彰显品位。她是个兼具优雅与朝气的现代女性。

9.2 使用 Midjourney 生成人像图片

扫码看视频

使用 ChatGPT 生成人像图片的描述文案之后，用户可以结合文案内容在 Midjourney 中生成对应的图片，并将其作为视频素材备用，具体操作步骤如下。

▶▶ 步骤 1 复制生成的文案内容，将其粘贴至百度翻译中，并翻译成英文词汇，如图 9-1 所示。

图 9-1 将文案内容翻译成英文词汇

▶▶ 步骤 2 选中用百度翻译生成的英文词汇并右击，在弹出的快捷菜单中选择"复制"选项，如图 9-2 所示。

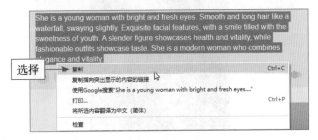

图 9-2 选择"复制"选项

▶▷ 步骤③ 在 Midjourney 下面的输入框内输入"/"（正斜杠符号），选择 /imagine 选项,在输入框中粘贴刚刚复制的英文词汇,添加相关的参数词汇,如 4K --ar 3:4（4K 高清分辨率，宽高比为 3:4），如图 9-3 所示。

图 9-3　粘贴复制的英文词汇并添加相关的参数词汇

▶▷ 步骤④ 按【Enter】键发送，即可将粘贴和添加的词汇作为关键词生成四张图片，单击对应的 U 按钮，如 U1 按钮，选择相对满意的图片，如图 9-4 所示。

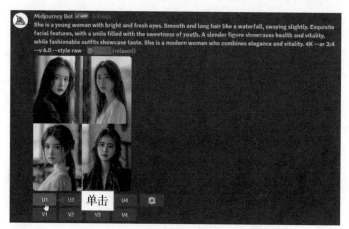

图 9-4　单击 U1 按钮

▶▷ 步骤⑤ 执行操作后，Midjourney 将在第一张图片的基础上进行更加精细的刻画，并放大图片效果，如图 9-5 所示。

图 9-5　放大图片效果

9.3 使用快影特效玩法生成 AI 婚纱视频

用户可以将 Midjourney 生成的图片素材导入快影 App，并使用"特效玩法"功能生成趣味性的视频。如用户可以通过如下操作步骤在快影 App 中生成 AI 婚纱视频。

▶▷ 步骤1 打开快影 App，在"创作"界面中点击"开始剪辑"按钮，如图 9-6 所示。

▶▷ 步骤2 执行操作后，进入"最近项目"界面，选择相应的图片素材，点击"选好了"按钮，如图 9-7 所示。

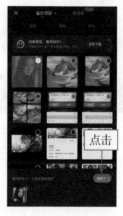

图 9-6　点击"开始剪辑"按钮　　　　图 9-7　点击"选好了"按钮

▶▷ 步骤3 将素材导入视频轨道中，选择素材，点击"复制"按钮，如图 9-8 所示。

▶▷ 步骤4 执行操作后，即可将图片素材复制一份，如图 9-9 所示。

图 9-8　点击"复制"按钮　　　　图 9-9　将图片素材复制一份

▶▶ 步骤5 选中多余的素材，点击"删除"按钮，如图 9-10 所示。

▶▶ 步骤6 拖动时间轴至视频起始位置，点击"音频"按钮，如图 9-11 所示。

图 9-10　点击"删除"按钮　　　　　　图 9-11　点击"音频"按钮

▶▶ 步骤7 进入"音乐库"界面，在"所有分类"选项区中选择"甜蜜"选项，如图 9-12 所示。

▶▶ 步骤8 执行操作后，进入"热门分类"界面的"甜蜜"选项卡，选择相应音乐，拖动时间轴，选取合适的音频起始位置，点击"使用"按钮，如图 9-13 所示。

图 9-12　选择"甜蜜"选项　　　　　　图 9-13　点击"使用"按钮

▶▷ 步骤 9 执行操作后，即可将音乐添加到音频轨道中，并自动根据视频时长调整音乐的时长。拖动时间轴至第二段素材的起始位置，在工具栏中点击"特效"按钮，如图 9-14 所示。

▶▷ 步骤 10 进入特效工具栏，点击"特效玩法"按钮，如图 9-15 所示。

图 9-14 点击"特效"按钮   图 9-15 点击"特效玩法"按钮

▶▷ 步骤 11 弹出"特效玩法"面板，在"热门"选项卡中选择"AI 婚纱"玩法，点击✔按钮，如图 9-16 所示。

▶▷ 步骤 12 执行操作后，即可为第二段素材添加 AI 绘画效果，如图 9-17 所示。

图 9-16 点击✔按钮   图 9-17 为第二段素材添加 AI 绘画效果

63

▶▶ 步骤 13　点击界面右上角的"做好了"按钮，在弹出的"导出选项"面板中点击↓按钮，即可将视频保存。图 9-18 为使用快影 App 特效玩法生成的《AI 婚纱视频》效果。

图 9-18　使用快影 App 特效玩法生成的《AI 婚纱视频》效果

第**10**章

《餐厅新品分享》：
运用剪映图文成片
生成

　　剪映电脑版的"图文成片"功能可以根据用户
提供的文案，智能匹配图片和视频素材，并自动添加
相应的字幕、朗读音频和背景音乐，轻松完成文本生
视频的操作。如用户可以先在 ChatGPT 中生成相关
的文案，然后使用文案在剪映中生成视频，再将视频
中不合适的素材替换掉，即可生成《餐厅新品分享》
视频。

扫码看效果

10.1　使用 ChatGPT 生成餐厅新品的文案

扫码看视频

在生成《餐厅新品分享》时，用户可以先借助 ChatGPT 生成餐厅新品的文案，具体如下。

 提问

请为我生成一个餐厅新品分享的文案，要求：重点介绍几种湘菜。

 ChatGPT

探寻湘菜的绝妙滋味，我们餐厅热情推出新品！首先有「湘水麻辣鱼」，鲜嫩的鱼肉在麻辣汤底中翻滚，香气四溢。其次是「剁椒排骨煲」，排骨入味鲜香，剁椒独特风味。再品「湘味酸辣粉」，酸爽辣香，唤醒味蕾。湖南美食独特魅力，新品尽在我们的菜单，邀您一同享受湘菜的精致与美味！

10.2　使用 Midjourney 生成新品图片

扫码看视频

使用 ChatGPT 生成餐厅新品的描述文案之后，用户可以结合文案内容在 Midjourney 中生成对应的图片，并将其作为视频素材备用，具体操作步骤如下。

▶▶ 步骤 1　复制生成的部分文案内容，将其粘贴至百度翻译中进行简单的调整，并翻译成英文词汇，如图 10-1 所示。

图 10-1　将文案内容进行调整并翻译成英文词汇

▶▶ 步骤 2　选中用百度翻译生成的英文词汇并右击，在弹出的快捷菜单中选择"复制"选项，如图 10-2 所示。

图 10-2　选择"复制"选项

▶▷ 步骤3 在 Midjourney 下面的输入框内输入"/"（正斜杠符号），选择/imagine 选项，在输入框中粘贴刚刚复制的英文词汇，添加相关的参数词汇，如 4K --ar 16:9（4K 高清分辨率，宽高比为 16:9），如图 10-3 所示。

图 10-3 粘贴复制的英文词汇并添加相关的参数词汇

▶▷ 步骤4 按【Enter】键发送，即可将粘贴和添加的词汇作为关键词生成四张图片，单击对应的 U 按钮，如 U4 按钮，选择相对满意的图片，如图 10-4 所示。

图 10-4 单击 U4 按钮

▶▷ 步骤5 执行操作后，Midjourney 将在第四张图片的基础上进行更加精细的刻画，并放大图片效果，如图 10-5 所示。

图 10-5 放大图片效果

10.3 使用剪映图文成片生成新品视频

用户可以将 ChatGPT 生成的文案直接输入剪映中,借助"图文
成片"功能快速生成餐厅新品分享视频,具体操作步骤如下。

扫码看视频

▶▶步骤 1 启动剪映电脑版,在"首页"界面中,单击"图文
成片"按钮,如图 10-6 所示。

图 10-6 单击"图文成片"按钮

▶▶步骤 2 执行操作后,在弹出的"图文成片"对话框中选择"自由编辑
文案"选项,如图 10-7 所示。

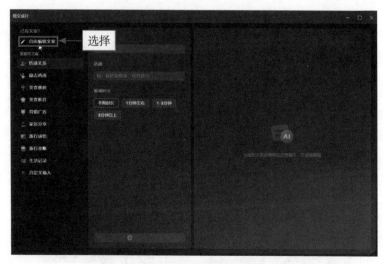

图 10-7 选择"自由编辑文案"选项

▶▶ 步骤 3 在弹出的"自由编辑文案"对话框中输入 ChatGPT 中生成的文案,并对文案略作处理,单击"生成视频"按钮,在"请选择成片方式"列表框中选择"智能匹配素材"选项,如图 10-8 所示。

图 10-8 选择"智能匹配素材"选项

▶▶ 步骤 4 稍等片刻,剪映会自动调取素材,根据文案内容生成视频的雏形,如图 10-9 所示。

图 10-9 生成视频的雏形

10.4 使用剪映调整新品分享视频的效果

剪映自动生成的视频,可能会有一些不太令人满意的地方,对此,

扫码看视频

用户可以自行进行加工处理来提升视频的效果。如可以将不满意的图片素材替换掉，并添加一个合适的滤镜，具体操作步骤如下。

▶▷ 步骤 1 将鼠标定位在第一个素材上，右击，弹出快捷菜单，选择"替换片段"选项，如图 10-10 所示，将图文不太相符的素材替换掉。

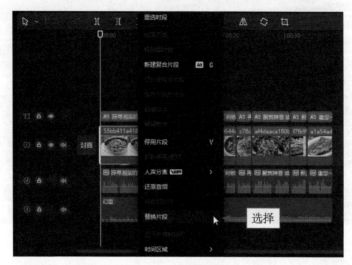

图 10-10 选择"替换片段"选项

▶▷ 步骤 2 执行操作后，在弹出的"请选择媒体资源"对话框中选择相应的图片素材，单击"打开"按钮，如图 10-11 所示。

▶▷ 步骤 3 进入"替换"对话框，单击"替换片段"按钮，如图 10-12 所示。

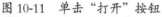

图 10-11 单击"打开"按钮

图 10-12 单击"替换片段"按钮

▶▷ 步骤 4 执行操作后，即可将该图片素材替换到视频片段中，同时导入本地媒体资源库中，如图 10-13 所示。

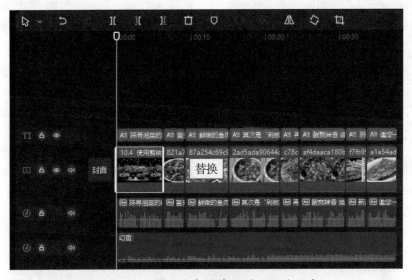

图 10-13　将图片素材替换到视频片段中

▶▷ 步骤5　运用同样的方法，将其他不合适的素材替换掉，效果如图 10-14 所示。

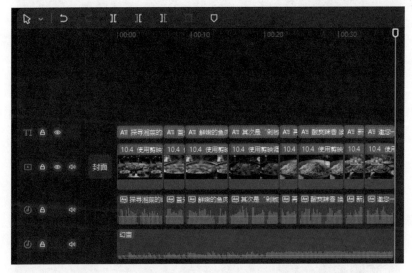

图 10-14　将其他不合适的素材替换掉的效果

▶▷ 步骤6　单击"滤镜"按钮，切换至"美食"选项卡，如图 10-15 所示。

▶▷ 步骤7　选择合适的滤镜，单击右下角的"添加到轨道"按钮 ，如图 10-16 所示。

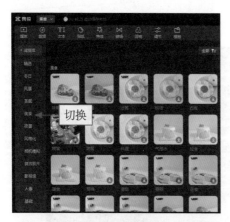

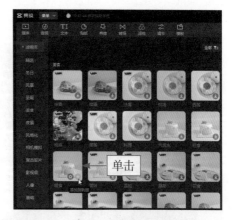

图 10-15　切换至"美食"选项卡　　　图 10-16　单击"添加到轨道"按钮

▶▷ 步骤 8　执行操作后，显示对应滤镜的使用范围，如图 10-17 所示。

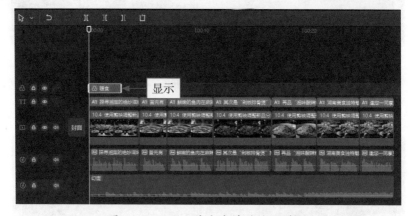

图 10-17　显示对应滤镜的使用范围

▶▷ 步骤 9　调整滤镜的使用范围，将其应用到整个视频中，如图 10-18 所示。

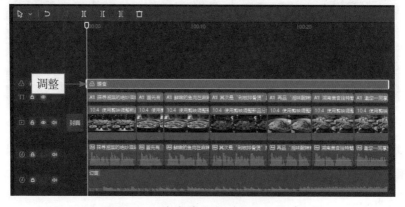

图 10-18　将滤镜应用到整个视频中

▶▶步骤 10 在"播放器"窗口中单击播放按钮▶,预览《餐厅新品分享》视频的效果,如图 10-19 所示。如果用户对视频的效果比较满意,可以单击界面右上方的"导出"按钮,设置导出信息,将《餐厅新品分享》视频进行保存。

探寻湘菜的绝妙滋味我们餐厅热情推出新品

鲜嫩的鱼肉在麻辣汤底中翻滚 香气四溢

其次是"剁椒排骨煲"排骨入味鲜香 剁椒独特风味

再品"湘味酸辣粉"酸爽辣香 唤醒味蕾

图 10-19 预览视频的效果

第 **11** 章
《宠物日常展示》: 运用剪映模板一键生成

剪映 App 中为用户提供了大量模板，用户可以借助这些模板直接生成视频。如用户可以先在 ChatGPT 中生成相关的文案，然后使用文案生成图片素材，再从剪映 App 中选择合适的模板，即可套用模板生成《宠物日常展示》视频。

扫码看效果

11.1 使用 ChatGPT 生成宠物日常的文案

如果用户要生成《宠物日常展示》视频，可以先用 ChatGPT 生成相关的文案，为图片素材的生成做好准备，具体如下。

 提问

请为我生成一个展现宠物日常活动画面的文案。

 ChatGPT

晨光透过窗帘洒在地板上，一只小猫懒洋洋地舒展身躯，迎接新的一天。小狗在花园里追逐球，欢快的叫声回荡着。客厅里，鹦鹉聪明地学着主人的口音说话。午后，猫咪窝在窗台晒太阳，窗外的鸟儿叽叽喳喳，勾起它的好奇心。家里弥漫着欢笑声和宠物们调皮的足迹，构成了一幅温馨、活泼的宠物画卷。

11.2 使用 Midjourney 生成宠物的图片

使用 ChatGPT 生成宠物的描述文案之后，用户可以结合文案内容在 Midjourney 中生成对应的图片，并将其作为视频素材备用，具体操作步骤如下。

▶▶ 步骤1 复制生成的部分文案内容，如将文案中的第一句话粘贴至百度翻译中进行简单的调整，并翻译成英文词汇，如图 11-1 所示。

图 11-1 将文案内容进行调整并翻译成英文词汇

▶▶ 步骤2 选中用百度翻译生成的英文词汇并右击，在弹出的快捷菜单中选择"复制"选项，如图 11-2 所示。

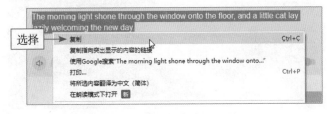

图 11-2 选择"复制"选项

▶▷ 步骤3 在 Midjourney 下面的输入框内输入"/"（正斜杠符号），
选择/imagine 选项，在输入框中粘贴刚刚复制的英文词汇，添加相关的参数词汇，
如 4K --ar 16:9（4K 高清分辨率，宽高比为 16:9），如图 11-3 所示。

图 11-3　粘贴复制的英文词汇并添加相关的参数词汇

▶▷ 步骤4 按【Enter】键发送，即可将粘贴和添加的词汇作为关键词
生成四张图片，单击对应的 U 按钮，如 U4 按钮，选择相对满意的图片，如
图 11-4 所示。

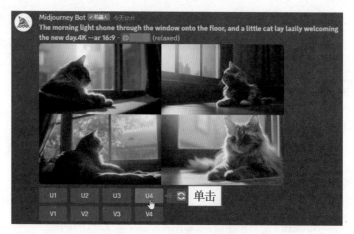

图 11-4　单击 U4 按钮

▶▷ 步骤5 执行操作后，Midjourney 将在第四张图片的基础上进行更加
精细的刻画，并放大图片效果，如图 11-5 所示。

图 11-5　放大图片效果

▶▶ 步骤 6 参照同样的操作，生成其他的宠物图片，并将这些图片作为视频素材备用。

11.3 使用剪映模板一键生成宠物视频

使用剪映的"模板"功能，可以快速生成各种类型的视频，而且用户可以自行替换模板中的视频或图片素材，轻松地制作《宠物日常展示》视频，具体操作步骤如下。

扫码看视频

▶▶ 步骤 1 启动剪映电脑版，在"首页"界面的左侧导航栏中，单击"模板"按钮，如图 11-6 所示。

图 11-6 单击"模板"按钮

▶▶ 步骤 2 执行操作后，进入"模板"界面，设置相关信息，对模板进行筛选，如图 11-7 所示。

图 11-7 设置模板的相关信息

▶▶ 步骤3 随后即可搜索到相关的视频模板，选择相应的模板，单击"使用模板"按钮，如图 11-8 所示。

图 11-8 单击"使用模板"按钮

▶▶ 步骤4 执行操作后，即可下载该模板，并进入模板编辑界面，在时间线窗口中单击第一个视频片段中的"替换"按钮，如图 11-9 所示。

图 11-9 单击"替换"按钮

▶▶ 步骤5 弹出"请选择媒体资源"对话框，在该对话框中选择相应的图片素材，单击"打开"按钮，如图 11-10 所示。

图 11-10　单击"打开"按钮

▶▶ 步骤6　执行操作后，即可将该图片素材添加到视频轨道，同时导入本地媒体资源库中，如图 11-11 所示。

图 11-11　将图片素材添加到视频轨道

▶▶ 步骤7　参照同样的操作方法，替换其他的图片素材，即可完成视频的制作，如图 11-12 所示。

图 11-12　完成视频的制作

《宠物日常展示》：运用剪映模板一键生成

▶▷ 步骤 8 视频制作完成后，单击界面右上方的"导出"按钮，并设置导出信息，即可将视频导出。在"播放器"窗口中单击播放按钮▶，即可预览《宠物日常展示》视频的效果，如图 11-13 所示。

图 11-13 预览《宠物日常展示》视频的效果

第 **12** 章

《VLOG 片头视
频》：运用剪映搜
索模板生成

　　我们可以利用生成的 AI 文案和图片制作成 AI 视
频，剪映 App 就提供了生成 AI 视频的功能，可以帮
助用户又快又好地制作出想要的视频效果。本章主要
介绍从文案生成、AI 图片生成到运用剪映 App 的相关
功能将图片制作成视频的全过程。

扫码看效果

12.1　使用 ChatGPT 生成 VLOG 的文案

如果用户要生成《VLOG 片头视频》，可以先用 ChatGPT 生成相关的文案，为图片素材的生成做好准备，具体如下。

扫码看视频

 提问

请为我生成一个 VLOG 的文案，要求：重点展现 3 个日常的画面。

 ChatGPT

1. 朝阳晨跑：清晨，迎着温暖的朝阳，记录下跑步途中的风景和内心的宁静，分享运动的活力。

2. 咖啡时光：下午，走进一家小巷咖啡馆，品味浓郁咖啡，与朋友畅聊生活，分享咖啡时光的惬意。

3. 夕阳剪影：黄昏时分，沿着海边漫步，记录夕阳西下的美丽，分享海风拂过的宁静与浪漫。

这是我的日常生活 VLOG，希望每个画面都能勾勒出日常的小确幸。点击观看，与我一同分享生活中的美好瞬间！ # 日常 VLOG# # 生活美学 #

12.2　使用 Midjourney 生成 VLOG 的图片

使用 ChatGPT 生成 VLOG 图片的描述文案之后，用户可以结合文案内容在 Midjourney 中生成对应的图片，并将其作为视频素材备用，具体操作步骤如下。

扫码看视频

▶▶ 步骤 1　复制生成的文案内容，将文案中的第一句话粘贴至百度翻译中进行简单的调整，并翻译成英文词汇，如图 12-1 所示。

图 12-1　将文案内容进行调整并翻译成英文词汇

▶▶ 步骤 2　选中用百度翻译生成的英文词汇并右击，在弹出的快捷菜单中选择"复制"选项，如图 12-2 所示。

▶▶ 步骤 3　在 Midjourney 下面的输入框内输入"/"（正斜杠符号），选择 /imagine 选项，在输入框中粘贴刚刚复制的英文词汇，添加相关的参数词汇，如 4K --ar 16:9（4K 高清分辨率，宽高比为 16:9），如图 12-3 所示。

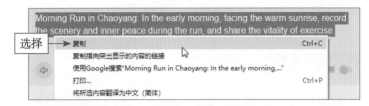

图 12-2　选择"复制"选项

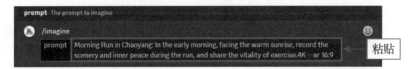

图 12-3　粘贴复制的英文词汇并添加相关的参数词汇

▶▶ 步骤 4　按【Enter】键发送，即可将粘贴和添加的词汇作为关键词生成四张图片，单击对应的 U 按钮，如 U4 按钮，选择相对满意的图片，如图 12-4 所示。

图 12-4　单击 U4 按钮

▶▶ 步骤 5　执行操作后，Midjourney 将在第四张图片的基础上进行更加精细的刻画，并放大图片效果，如图 12-5 所示。

图 12-5　放大图片效果

▶▷ 步骤 6　参照同样的操作，生成其他的 VLOG 图片，并将这些图片作为素材备用。

12.3　使用剪映搜索模板生成 VLOG 视频

用户可以使用剪映搜索相关的模板，并将 Midjourney 生成的图片套入模板中，生成 VLOG 片头的视频，具体操作步骤如下。

扫码看视频

▶▷ 步骤 1　启动剪映电脑版，单击"首页"界面左侧导航栏中的"模板"按钮，进入"模板"界面，输入搜索词确定模板的类型，如输入"VLOG 片头"，如图 12-6 所示。

图 12-6　输入"VLOG 片头"

▶▷ 步骤 2　在搜索框的下方设置模板的相关信息，对模板进行筛选，如图 12-7 所示。

图 12-7　设置模板的相关信息

▶▶ 步骤 3 按【Enter】键确认，即可搜索到相关的视频模板，选择相应的模板，单击"使用模板"按钮，如图 12-8 所示。

图 12-8 单击"使用模板"按钮

▶▶ 步骤 4 执行操作后，即可下载该模板，并进入模板编辑界面，在时间线窗口中单击第一个视频片段中的"替换"按钮，如图 12-9 所示。

图 12-9 单击"替换"按钮

▶▶ 步骤 5 在弹出的"请选择媒体资源"对话框中选择相应的图片素材，单击"打开"按钮，如图 12-10 所示。

《VLOG 片头视频》：运用剪映搜索模板生成

图 12-10 单击"打开"按钮

▶▷ 步骤 6 执行操作后，即可将该图片素材添加到视频片段中，同时导入本地媒体资源库中，如图 12-11 所示。

图 12-11 将图片素材添加到视频片段中

▶▷ 步骤 7 参照同样的操作方法，添加其他的图片素材，如图 12-12 所示。

图 12-12 添加其他的图片素材

▶▶ 步骤8 在"文本"窗口中进行文本内容的修改，如在"第1段文本"中输入"我的VLOG"，如图12-13所示，删除第2段文本中的信息。

图 12-13 输入"我的 VLOG"

▶▶ 步骤9 在"播放器"窗口中，单击播放按钮▶，即可预览《VLOG片头视频》的效果，如图12-14所示。

图 12-14 预览《VLOG片头视频》的效果

第 **13** 章

《沿途风景记录》：运用剪映素材包生成

素材包是剪映提供的一种局部模板，一个素材包通常包括特效、音频、文字和滤镜等。相比起完整的视频模板，素材包模板的时长通常比较短，更适合用来制作片头和片尾。如用户可以先在 ChatGPT 中生成相关的文案，然后使用文案生成图片，再将图片导入剪映 App 中并添加素材包，即可生成《沿途风景记录》。

扫码看效果

13.1　使用 ChatGPT 生成沿途风景的文案

如果用户要生成《沿途风景记录》，可以先用 ChatGPT 生成相关的文案，为接下来的图片素材生成做好准备，具体如下。

扫码看视频

 提问

请为我生成一个沿途风景记录的文案，要求：展现 4 个具体的画面。

ChatGPT

1. 山川起伏：驶入蜿蜒山路，车窗外是一幅连绵起伏的山川画卷，云雾缭绕，如仙境一般。

2. 古老村落：穿越古老的村庄，青瓦白墙、小桥流水，感受到岁月沉淀下的宁静与古朴。

3. 湖光山色：途经湖畔，湖光山色交相辉映，水波荡漾，倒映着蓝天白云，如画一般美丽。

4. 花海迎风：经过一片花海，五彩斑斓的花朵在微风中摇曳，散发出浓郁的芬芳。

这段沿途旅程，每一帧都是大自然馈赠的美丽瞬间。点击观看，和我一同领略这段风景之旅！＃沿途风景＃＃旅途记录＃

13.2　使用 Midjourney 生成沿途的图片

使用 ChatGPT 生成沿途风景记录的文案之后，用户可以结合文案内容在 Midjourney 中生成对应的图片，并将其作为视频素材备用，具体操作步骤如下。

扫码看视频

▶▶ 步骤1　复制 ChatGPT 生成的第一句文案内容，将其粘贴至百度翻译中进行简单的调整，并翻译成英文词汇，如图 13-1 所示。

图 13-1　将文案内容进行调整并翻译成英文词汇

▶▶ 步骤2　选中用百度翻译生成的英文词汇并右击，在弹出的快捷菜单中

《沿途风景记录》：运用剪映素材包生成

选择"复制"选项，如图 13-2 所示。

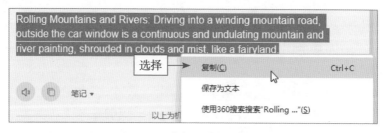

图 13-2　选择"复制"选项

▶▷ 步骤3　在 Midjourney 下面的输入框内输入"/"（正斜杠符号），选择 /imagine 选项，在输入框中粘贴刚刚复制的英文词汇，添加相关的参数词汇，如 4K --ar 16:9（4K 高清分辨率，宽高比为 16:9），如图 13-3 所示。

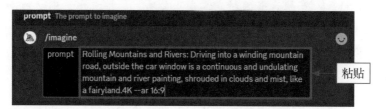

图 13-3　粘贴复制的英文词汇并添加相关的参数词汇

▶▷ 步骤4　按【Enter】键发送，即可将粘贴和添加的词汇作为关键词生成四张图片，单击对应的 U 按钮，如 U4 按钮，选择相对满意的图片，如图 13-4 所示。

图 13-4　单击 U4 按钮

▶▷ 步骤5　执行操作后，Midjourney 将在第四张图片的基础上进行更加精细的刻画，并放大图片效果，如图 13-5 所示。

图 13-5　放大图片效果

13.3　使用剪映素材包制作片头和片尾

扫码看视频

剪映提供了多种类型的素材包，用户可以为导入图片素材添加素材包，从而快速制作出片头、片尾效果，具体操作步骤如下。

▶▶ 步骤 1　打开剪映电脑版，在"首页"界面中单击"开始创作"按钮，如图 13-6 所示，开始进行视频的创作。

图 13-6　单击"开始创作"按钮

▶▶ 步骤 2　进入视频处理界面，单击界面中的"导入"按钮，如图 13-7
所示。

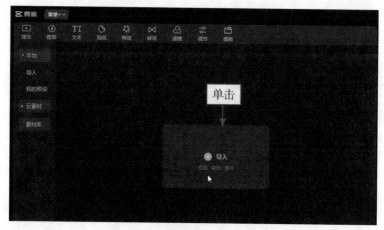

图 13-7 单击"导入"按钮

▶▶ 步骤 3 在弹出的"请选择媒体资源"对话框中，选择要导入的图片素材，单击"打开"按钮，如图 13-8 所示。

图 13-8 单击"打开"按钮

▶▶ 步骤 4 执行操作后，即可将图片素材导入剪映，点击图片素材右下方的"添加到轨道"按钮 ⊕，如图 13-9 所示。

▶▶ 步骤 5 执行操作后，即可将刚刚导入的所有图片素材都添加到视频轨道中，如图 13-10 所示。

▶▶ 步骤 6 拖动时间轴至视频起始位置，展开"素材库"|"片头"选项卡，单击相应素材包右下角的"添加到轨道"按钮 ⊕，如图 13-11 所示。

▶▶ 步骤 7 执行操作后，即可为视频添加一个片头，如图 13-12 所示。

图 13-9　单击"添加到轨道"按钮⊕（1）

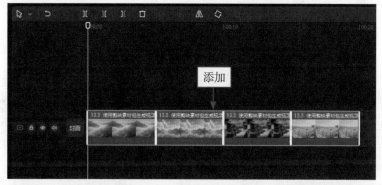

图 13-10　将刚刚导入的所有图片素材都添加到视频轨道中

图 13-11　单击"添加到轨道"
按钮⊕（2）

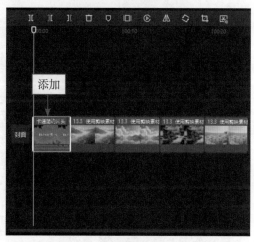

图 13-12　为视频添加一个片头

▶▶ 步骤8　拖动时间轴至视频结束位置，展开"素材库"|"片尾"选项卡，单击相应素材包右下角的"添加到轨道"按钮⊕，为视频添加一个片尾，如图 13-13 所示。

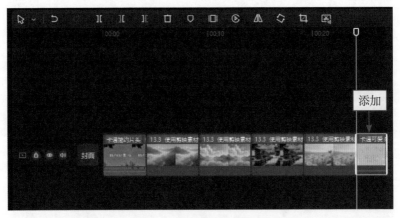

图 13-13　为视频添加一个片尾

13.4　使用剪映音频为视频添加背景音乐

直接导入的视频素材可能是没有背景音乐的，为此我们可以使用剪映的"音频"功能来添加背景音乐，让整个视频呈现出更好的效果，具体操作步骤如下。

扫码看视频

　　▶▶ 步骤 1　拖动时间轴至需要添加背景音乐的起始位置，切换至"音频"功能区，单击相应音频右下角的"添加到轨道"按钮 ，如图 13-14 所示。

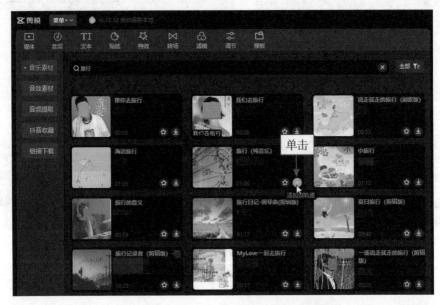

图 13-14　单击"添加到轨道"按钮

▶▶ 步骤2 执行操作后，即可为视频添加一个背景音乐，如图 13-15 所示。可以看到此时的背景音乐要比视频长，用户需要将多余的背景音乐删除。

图 13-15　为视频添加一个背景音乐

▶▶ 步骤3 拖动时间轴至视频背景音乐需要结束的位置，单击"分割"按钮，如图 13-16 所示。

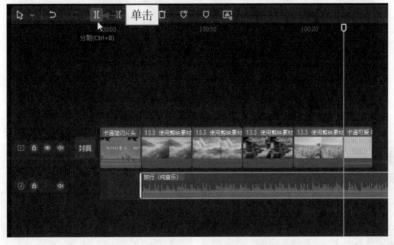

图 13-16　单击"分割"按钮

▶▶ 步骤4 选中多余的背景音乐，单击"删除"按钮，如图 13-17 所示。

▶▶ 步骤5 执行操作后，如果所选的内容消失，就说明多余的背景音乐删除成功了，如图 13-18 所示。多余的背景音乐删除成功后，视频便制作完成了。

▶▶ 步骤6 在"播放器"窗口中，单击播放按钮，即可预览《沿途风景记录》视频的效果，如图 13-19 所示。

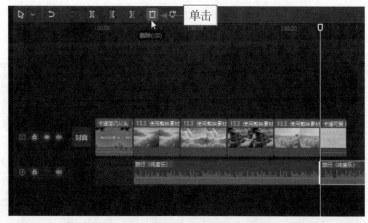

图 13-17　单击"删除"按钮 □

图 13-18　多余的背景音乐删除成功

图 13-19　预览《沿途风景记录》视频的效果

第 **14** 章

《房地产宣传片》：运用剪映数字人生成

除了使用文字和套用模板生成视频之外，用户还可以借助剪映的数字人来生成视频。如用户可以先在 ChatGPT 中生成相关的文案，然后在剪映 App 中用文案制作数字人，并在此基础上添加相关的视频元素，即可生成《房地产宣传片》视频。

扫码看效果

14.1 使用 ChatGPT 生成房地产宣传文案

如果用户要生成《房地产宣传片》视频，可以先用 ChatGPT 生成相关的文案，为接下来的数字人视频生成做好准备，具体如下。

 提问

请为某个江景房生成一条宣传文案，控制在 150 字左右。

 ChatGPT

沐浴江光，江景豪宅如诗如画！窗外，璀璨夜景点亮城市，窗内，温暖灯光映衬室内奢华。尽览江水起伏，感受江风徐徐，生活在水的恬淡中。宽敞设计，尽显居住品质；私人露台，独享江畔静谧。居高临下，尽览城市繁华。品味生活，尽在这片江景尊荣之境。交通便捷，周边配套齐全。这不仅是一处房产，更是江畔恬静生活的缩影。奢适体验，与江相约，共创尊贵生活。

14.2 使用剪映创建宣传片的数字人音频

用户可以通过剪映来创建数字人，并生成相应的音频。不过，在此之前，先要添加一个文本素材，才能看到数字人的创建入口。具体操作步骤如下。

▶▶ 步骤 1 打开剪映电脑版，进入"首页"界面，单击"开始创作"按钮，即可新建一个草稿并进入剪映的视频处理界面，切换至"文本"功能区，在"新建文本"选项卡中，单击"默认文本"右下角的"添加到轨道"按钮⊕，如图 14-1 所示，即可添加一个默认文本素材。

图 14-1 单击"添加到轨道"按钮⊕

扫码看视频

扫码看视频

▶▶ 步骤 2 添加完默认文本素材后，可以在操作区中看到"数字人"标签，单击该标签切换至"数字人"操作区，选择相应的数字人后，单击"添加数字人"按钮，如图 14-2 所示。

图 14-2 单击"添加数字人"按钮

▶▶ 步骤 3 执行操作后，即可将所选的数字人添加到时间线窗口的轨道中，并显示相应的渲染进度。数字人渲染完成后，选中文本素材，单击"删除"按钮 □，如图 14-3 所示，将其删除即可。

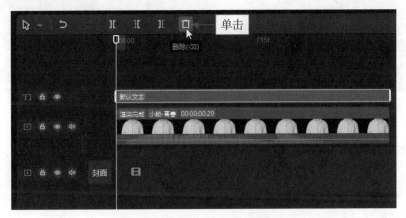

图 14-3 单击"删除"按钮 □

专家提醒：在"数字人形象"操作区的"景别"选项卡中，可以改变数字人在视频画面中的景别，包括远景、中景、近景和特写四种类型。

▶▶ 步骤 4 选中视频轨道中的数字人素材，切换至"文案"操作区，将 ChatGPT 生成的文案粘贴至输入框中并进行简单的调整，单击"确认"按钮，如图 14-4 所示，确认文案内容。

图 14-4 单击"确认"按钮

▶▶ 步骤5 执行操作后，即可自动更新数字人音频，并完成数字人轨道的渲染，如图 14-5 所示。

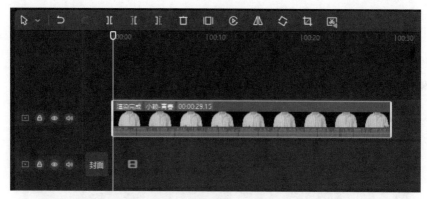

图 14-5 完成数字人轨道的渲染

14.3 使用剪映调整宣传片的数字人形象

使用剪映的"美颜美体"功能，可以对数字人的面部和身体等各种细节进行调整和美化，以达到更好的视觉效果，具体操作步骤如下。 扫码看视频

▶▶ 步骤1 选中视频轨道中的数字人素材，切换至"画面"操作区的"美颜美体"选项卡，选中"美颜"复选框，剪映会自动选中人物脸部，设置"磨皮"为 25、"美白"为 15，如图 14-6 所示。"磨皮"主要是为了减少数字人脸部片的粗糙程度，使皮肤看起来更加光滑；"美白"主要是为了调整肤色，使皮肤看起来更加白皙。

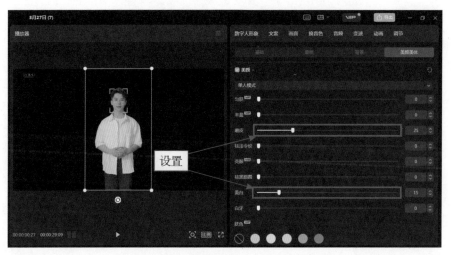

图 14-6　设置相应的"美颜"参数

▶▶ 步骤 2　选中"美颜美体"选项卡下方的"美体"复选框,设置"瘦身"为 66,将数字人的身材变得更加苗条,如图 14-7 所示。

图 14-7　设置相应的"瘦身"参数

> 专家提醒:通过剪映的"美颜美体"功能,用户可以轻松地调整和改善数字人的形象,包括美化面部、身体塑形和改变身材比例等。这些功能为数字人的制作提供了更多样化的美化和编辑工具,能够让数字人更具吸引力和观赏性。

14.4　使用剪映制作宣传片的背景效果

剪映中的数字人有很多内置的背景素材,同时用户还可以给数字人添加自定义的背景效果,具体操作步骤如下。

扫码看视频

▶▷ 步骤1 切换至"媒体"功能区，在"本地"选项卡中，单击"导入"按钮，在弹出"请选择媒体资源"对话框中，选择相应的背景图片素材，单击"打开"按钮，如图 14-8 所示。

图 14-8　选择相应的背景图片素材

▶▷ 步骤2 将背景图片素材导入"媒体"功能区中，单击背景图片素材右下角的"添加到轨道"按钮🔘，如图 14-9 所示。

图 14-9　单击"添加到轨道"按钮🔘

▶▶ 步骤3 将素材添加到主轨道中，并适当调整背景图片素材的时长，使其与数字人的时长一致，如图 14-10 所示。

图 14-10　调整背景图片素材的时长

▶▶ 步骤4 使用相同的方法，导入一个装饰素材，并调整装饰素材的时长和位置，如图 14-11 所示。

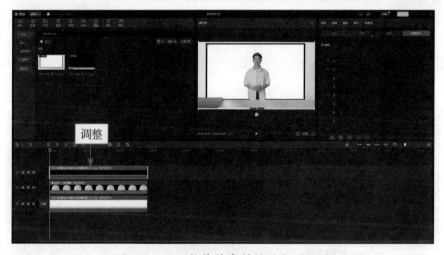

图 14-11　调整装饰素材的时长和位置

14.5　使用剪映添加宣传片的视频素材

在剪映中除了可以添加图片素材外，用户还可以导入视频素材，使其与数字人相结合，丰富画面内容，具体操作步骤如下。

扫码看视频

《房地产宣传片》：运用剪映数字人生成

▶▶ 步骤 1 使用上一节的操作方法，在"媒体"功能区中导入一个房地产的视频素材，并将其拖动至画中画轨道中，将主轨道中的背景图片素材、装饰素材和数字人素材的时长调整为与房地产视频一致，如图 14-12 所示。

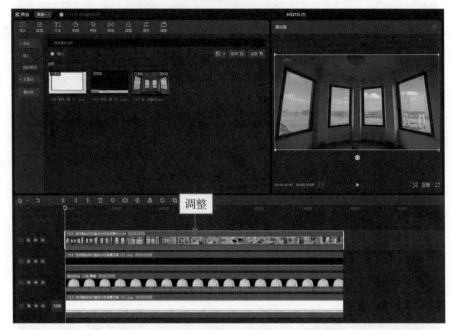

图 14-12 导入房地产的视频素材并调整时长

▶▶ 步骤 2 选择装饰素材视频轨道，在"基础"选项卡中将"层级"设置为 3，如图 14-13 所示。

图 14-13 设置装饰素材视频轨道的层级

▶▶ 步骤3 参照同样的操作方法，选择数字人素材视频轨道，设置其"层级"为2，如图14-14所示。

图 14-14 设置数字人素材视频轨道的层级

▶▶ 步骤4 选择画中画轨道中的房地产视频素材，切换至"画面"操作区的"基础"选项卡，在"位置大小"选项区中设置"缩放"为83%、"X位置"为−35、"Y位置"为125，适当调整房地产视频在画面中的大小和位置，如图14-15所示。

图 14-15 调整房地产视频在画面中的大小和位置

▶▶ 步骤5 选择数字人素材，设置"X位置"为1475、"Y位置"为0，适当调整数字人在画面中的位置，如图14-16所示。

图 14-16　调整数字人在画面中的位置

14.6　使用剪映设置宣传片的字幕效果

使用剪映的"智能字幕"功能，可以一键给数字人视频添加同步字幕效果，具体操作步骤如下。

扫码看视频

▶▶ 步骤 1　切换至"文本"功能区，单击"智能字幕"按钮，如图 14-17 所示。

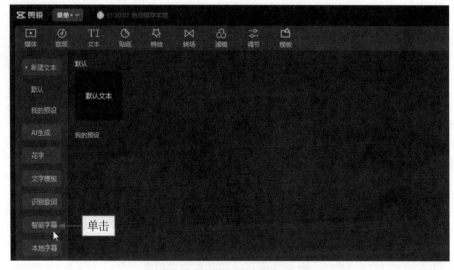

图 14-17　单击"智能字幕"按钮

▶▶ 步骤 2　执行操作后，切换至"智能字幕"选项卡，单击"识别字幕"选项区中的"开始识别"按钮，如图 14-18 所示。

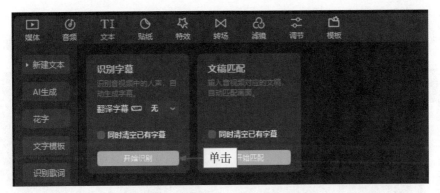

图 14-18　单击"开始识别"按钮

▶▷ 步骤3 执行操作后，即可自动识别数字人视频中的文案，并生成字幕，适当调整字幕在画面中的位置，如图 14-19 所示。

图 14-19　调整字幕在画面中的位置

▶▷ 步骤4 在"文本"操作区的"基础"选项卡中，选择一个合适的"预设样式"，如图 14-20 所示，即可改变字幕效果。

图 14-20　选择一个合适的"预设样式"

▶▶ 步骤5 切换至"动画"操作区中的"入场"选项卡，选择"打字机Ⅳ"选项，并将"动画时长"调整为最长，给字幕添加入场动画效果，如图 14-21 所示。

图 14-21　给字幕添加入场动画效果

▶▶ 步骤6 使用相同的操作方法，给其他字幕均添加"打字机Ⅳ"入场动画效果，如图 14-22 所示。

图 14-22　给其他字幕添加入场动画效果

14.7　使用剪映设置宣传片的片头和贴纸

给数字人视频添加片头和贴纸效果，不仅可以突出视频的主题，还可以通过贴纸来和观众互动，从而吸引更多人的关注，具体操作步骤如下。

扫码看视频

▶▶ 步骤1 在"文本"功能区中切换至"文字模板"|"片头标题"选项卡，选择一个合适的片头标题模板，单击"添加到轨道"按钮，将其添加到轨道中，如图 14-23 所示。

图 14-23 单击"添加到轨道"按钮

▶▶ 步骤2 适当修改片头标题的文本内容，调整片头标题的位置，如设置"X 位置"为 −150、"Y 位置"为 0，如图 14-24 所示。

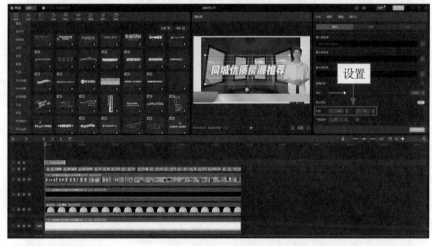

图 14-24 调整片头标题的位置

▶▶ 步骤3 拖动时间轴至相应位置，在"片尾谢幕"选项卡中，选择一个合适的片尾标题模板，单击"添加到轨道"按钮，将其添加到轨道中，并修改片尾谢幕的字幕内容，如图 14-25 所示。

▶▶ 步骤4 切换至"字幕"选项卡，选择一个合适的字幕模板，单击"添加到轨道"按钮，将其添加到轨道中，并适当修改字幕的内容，如图 14-26 所示。

《房地产宣传片》：运用剪映数字人生成

图 14-25　添加片尾谢幕模板并修改文本内容

图 14-26　添加字幕模板并修改文本内容

▶▷ 步骤 5　调整两个文字模板的时长，如图 14-27 所示，让其与数字人和其他素材的时长一致，在"播放器"窗口中，调整两个文字模板的大小和位置，使其增添画面的美感。

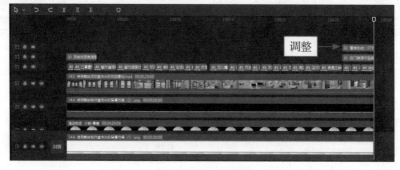

图 14-27　调整两个文字模板的时长

▶▶ 步骤6 拖动时间轴至相应位置，在"贴纸"功能区中输入并搜索"电话"，在搜索结果中选择相应的"电话"贴纸，单击"添加到轨道"按钮➕，将其添加到轨道中，调整贴纸末端对齐主轨道的末端，并在"播放器"窗口中适当调整贴纸的位置和大小，如图 14-28 所示。

图 14-28　调整贴纸的位置和大小（1）

▶▶ 步骤7 将时间轴拖动至起始位置，在"贴纸"功能区中输入并搜索"营销"，选择相应的贴纸，单击"添加到轨道"按钮➕，将其添加到轨道中，调整其时长与主轨道一致，并在"播放器"窗口中适当调整贴纸的位置和大小，如图 14-29 所示。

图 14-29　调整贴纸的位置和大小（2）

14.8 使用剪映设置宣传片的背景音乐

给数字人视频添加背景音乐效果，可以提升视频的感染力和观看体验，具体操作步骤如下。

扫码看视频

▶▷ 步骤 1 在时间线窗口中，单击画中画轨道前的“关闭原声”按钮，将房地产视频中的声音关闭，如图 14-30 所示。

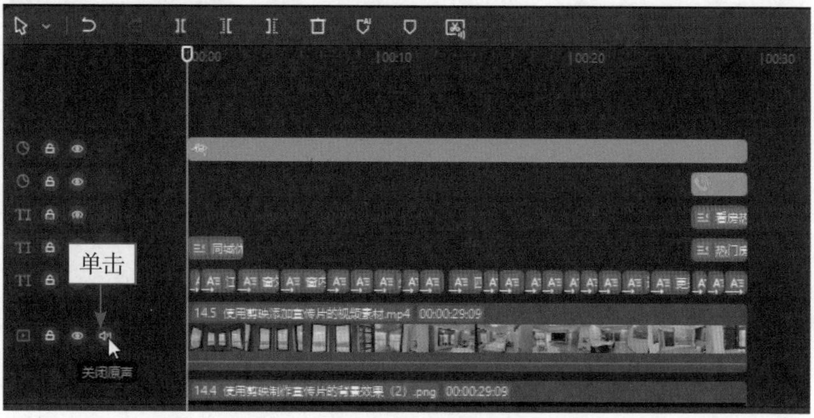

图 14-30 将房地产视频中的声音关闭

▶▷ 步骤 2 展开“音频”功能区中的“音乐素材”选项卡，在“纯音乐”选项区中选择相应的音频素材，如图 14-31 所示，进行试听。

▶▷ 步骤 3 单击“添加到轨道”按钮，如图 14-32 所示，将音乐添加到音频轨道中。

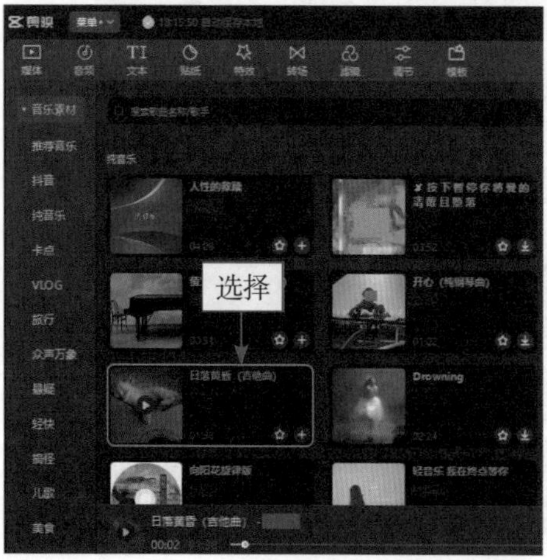

图 14-31 选择相应的音频素材

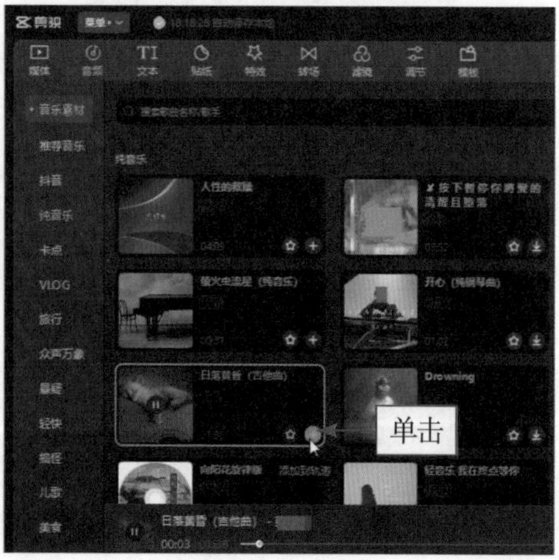

图 14-32 单击“添加到轨道”按钮

▶▶ 步骤 4 调整音频素材的时长，使其与主轨道时长一致，如图 14-33 所示。

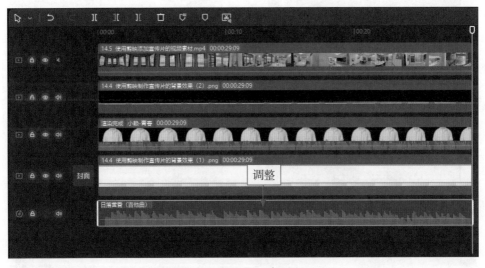

图 14-33 调整音频素材的时长

▶▶ 步骤 5 选择音频素材，在"基础"操作区中设置"音量"为 -20.0 dB、"淡入时长"为 1.0 s、"淡出时长"为 1.0 s，适当降低背景音乐的音量，并添加淡入和淡出效果，如图 14-34 所示。

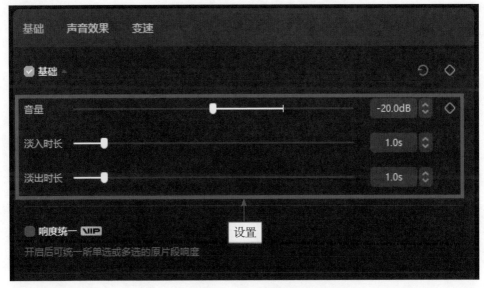

图 14-34 设置音频效果

▶▶ 步骤 6 在"播放器"窗口中，单击播放按钮▶，即可预览《房地产宣传片》的视频效果，如图 14-35 所示。

图 14-35　预览《房地产宣传片》的视频效果

专家提醒：在音频编辑中，淡入和淡出是常见的音频效果，可以用来调整音频的起始和结束部分。淡入是指音频从无声渐渐到最大音量的过程，而淡出则是指音频从最大音量渐渐到无声的过程。

第 **15** 章

《经典电影解说》：
运用剪映朗读文稿
生成

制作经典电影的解说视频，首先要有好的解说文案和解说音频，而运用ChatGPT和剪映的"朗读"功能，就可以轻松完成前期准备。本章主要介绍生成解说文案和配音音频、用剪映电脑版剪出成品视频的具体操作方法。

扫码看效果

15.1 使用 ChatGPT 生成电影的解说文案

扫码看视频

在生成文案时，用户可以要求 ChatGPT 为旁白配上相应的画面描述，这样在剪辑时可以根据描述来选择画面，从而降低剪辑的难度。下面介绍用 ChatGPT 生成经典电影解说文案的操作方法。

 提问

你知道经典电影《公民凯恩》吗?

 ChatGPT

是的，我知道电影《公民凯恩》。这部电影是一部由奥逊·威尔斯执导、主演和编剧的美国传记剧情片，于 1941 年上映。该片被认为是电影史上最伟大的作品之一，因其革命性的拍摄技巧、引人入胜的故事和深刻的社会评论而备受赞誉。《公民凯恩》以其非线性叙事和令人难忘的角色塑造而闻名，讲述了报纸大亨查尔斯·福斯特·凯恩的传奇人生和崛起及其与美国社会的关系。这部电影在影视史上具有重要地位，被认为是一部不可或缺的经典之作。

 提问

请从剧情分析的角度，为《公民凯恩》创作一篇影视解说类的短视频文案，要求：每一句解说都配有画面展示。

 ChatGPT

[画面：一位孤独的老人坐在庞大的房间里，背景是墙上的年轻时的画像]

解说：在这部经典之作《公民凯恩》中，我们目睹了一个传奇人物的崛起与陨落。

[画面：年轻的查尔斯·凯恩站在演讲台上，满脸自信和雄心]

解说：年轻的查尔斯·凯恩，一个野心勃勃的年轻人，他的雄心壮志将他推向了报纸业的巅峰。

[画面：报纸头条、宣传海报等展示凯恩报纸事业的辉煌时刻]

解说：他的报纸《每日询问》成了他权势的象征，他的话语改变了整个国家的舆论。

[画面：凯恩与政客交流、与媒体对峙、与竞争对手斗争的场景交替展示]

解说：然而，凯恩的权力带来了孤独和背叛，他与政治家、竞争对手和媒体展开了一场场激烈的较量。

[画面：凯恩与第二任妻子苏珊争吵、疏远，以及苏珊孤独悲伤的表情]

解说：即使在家庭中，他也无法摆脱失败和痛苦。他的婚姻关系破裂，孤独成了他唯一的伴侣。

[画面：凯恩老年时孤独而悲伤的样子，画面逐渐变得黑暗]

解说：最终，凯恩老年时孤独地度过，他的财富和权力已不再重要，他追求的是童年的幸福。

[画面：凯恩的童年场景、雪球玩具、童年时的笑容]

解说：《公民凯恩》讲述了一个关于权力、野心和孤独的故事，提醒我们财富和成功背后的真正价值。

15.2 使用剪映朗读生成电影的配音音频

扫码看视频

在剪映电脑版中如何快速生成配音音频呢？用户可以通过"朗读"功能一键将文本内容转化为音频，并且还可以选择不同风格的配音音色。下面介绍在剪映电脑版中用"朗读"功能生成配音音频的具体操作步骤。

▶▶ 步骤1 打开剪映电脑版，单击"首页"界面中的"开始创作"按钮，进入视频编辑界面，在"文本"功能区的"新建文本"选项卡中，单击"默认文本"选项右下角的"添加到轨道"按钮，添加一段默认文本，选中文本轨道，在"文本"操作区的文本框中，粘贴解说文案，并对解说文案的内容进行调整，如图15-1所示。

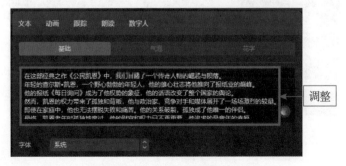

图15-1 粘贴并调整解说文案

▶▷ 步骤2 切换至"朗读"操作区,选择"译制片男"音色,如图 15-2 所示,单击"开始朗读"按钮。

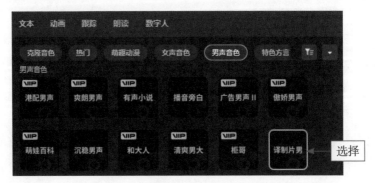

图 15-2 选择"译制片男"音色

▶▷ 步骤3 执行操作后,即可开始进行 AI 配音,并生成对应的音频,如图 15-3 所示。

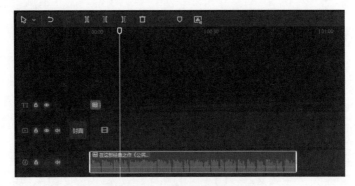

图 15-3 生成对应的音频

▶▷ 步骤4 单击界面右上角的"导出"按钮,如图 15-4 所示。

图 15-4 单击"导出"按钮(1)

▶▷ 步骤5 弹出"导出"对话框,取消选中"视频导出"复选框,选中"音频导出"复选框,单击"导出"按钮,如图 15-5 所示,将解说音频导出备用。

图 15-5　单击"导出"按钮（2）

15.3　使用剪映文稿匹配生成解说的字幕

　　当用户有文案内容和对应的音频时，可以运用"文稿匹配"功能生成字幕。需要注意的是，在使用"文稿匹配"功能生成字幕时，轨道中不能有其他无关的音频干扰。下面介绍在剪映电脑版中用"文稿匹配"功能快速生成字幕的具体操作步骤。

扫码看视频

　　▶▶ 步骤1　新建一个草稿文件，将电影素材和解说音频导入"媒体"功能区，并将电影素材添加至视频轨道中，如图 15-6 所示。

图 15-6　将电影素材添加至视频轨道中

　　▶▶ 步骤2　选中电影素材，单击"裁剪比例"按钮，如图 15-7 所示，将电影素材中的字幕裁剪掉。

　　▶▶ 步骤3　在弹出的"剪裁比例"对话框中，根据实际情况对电影素材的画面进行裁剪，单击"确定"按钮，如图 15-8 所示。

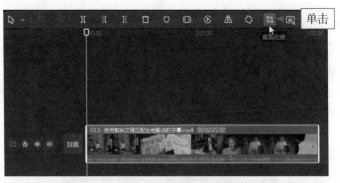

图 15-7　单击"裁剪比例"按钮

图 15-8　单击"确定"按钮

▶▷ 步骤4　执行操作后，即可完成电影素材字幕的裁剪，如图 15-9 所示。

图 15-9　完成电影素材字幕的裁剪

▶▷ 步骤5　拖动时间轴至电影素材的起始位置，将解说音频添加到音频轨道中，在视频轨道的起始位置单击"关闭原声"按钮，如图 15-10 所示，将视频轨道中的素材静音，避免影响字幕的生成。

图 15-10 单击"关闭原声"按钮

▶▷ 步骤6 根据解说音频对电影素材进行剪辑，使视频轨道和音频轨道的长度一致，如图 15-11 所示，方便后面解说字幕的生成。

图 15-11 使视频轨道和音频轨道的长度一致

▶▷ 步骤7 切换至"文本"功能区，在"智能字幕"选项卡中单击"文稿匹配"中的"开始匹配"按钮，如图 15-12 所示。

图 15-12 单击"开始匹配"按钮（1）

▶▶ 步骤 8 在弹出的"输入文稿"面板中，粘贴解说文案，单击"开始匹配"按钮，如图 15-13 所示。

▶▶ 步骤 9 执行操作后，即可生成相应的字幕，如图 15-14 所示。

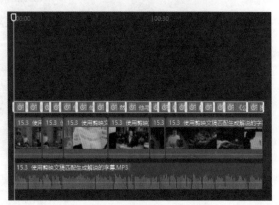

图 15-13 单击"开始匹配"
按钮（2）

图 15-14 生成相应的字幕

15.4 使用剪映优化解说的片头片尾效果

一个完整的解说视频需要有好的片头片尾，片头承担着简要介绍电影名称和主题的任务，而片尾则发挥总结与升华电影情感的作用。用户可以从电影中选取两个具有代表性的场景作为解说视频的片头片尾，不过想要片头片尾能发挥作用，用户还需要对其进行优化。下面介绍在剪映电脑版中优化片头片尾效果的具体操作步骤。

扫码看视频

▶▶ 步骤 1 导入片头素材并将其添加至视频轨道的最前面，根据电影素材的位置调整字幕和配音音频的位置，如图 15-15 所示。

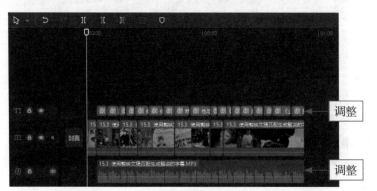

图 15-15 根据电影素材的位置调整字幕和配音音频的位置

▶▶ 步骤2 在时间轴的起始位置添加两段片头文本，如图 15-16 所示，并对文本内容进行修改。

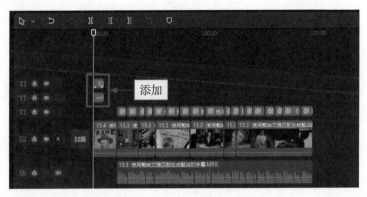

图 15-16　添加两段片头文本

▶▶ 步骤3 选择第一段片头的文本，设置文本的相应属性，如图 15-17 所示。

图 15-17　设置文本的相应属性

▶▶ 步骤4 切换至"动画"操作区，在"入场"选项卡中选择"渐显"动画，如图 15-18 所示，为第一段片头文本添加入场动画。

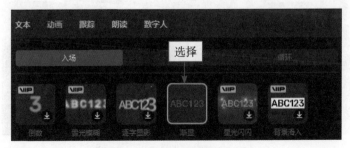

图 15-18　选择"渐显"动画

▶▷ 步骤5 切换至"出场"选项卡，选择"渐隐"动画，如图 15-19 所示，添加动画。

图 15-19 选择"渐隐"动画

▶▷ 步骤6 用与上相同的操作方法，设置第二段片头的文本属性，如图 15-20 所示。

图 15-20 设置第二段片头的文本属性

▶▷ 步骤7 用与上相同的操作方法，为第二段片头的文本添加"打字机Ⅱ"入场动画和"渐隐"出场动画，如图 15-21 所示。

图 15-21 添加"渐隐"出场动画

▶▷ 步骤8 同时选择第一段和第二段片头文本，切换至"朗读"操作区，选择"译制片男"音色，单击"开始朗读"按钮，如图 15-22 所示，即可为片头添加朗读音频。

图 15-22　单击"开始朗读"按钮

▶▷ 步骤9 调整两段朗读音频的位置，并根据朗读音频的位置与时长调整两段片头文本的位置与时长，如图 15-23 所示。

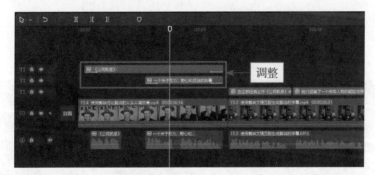

图 15-23　调整文本的位置与时长

▶▷ 步骤10 为片头素材添加"渐显"入场动画，如图 15-24 所示，完成片头的制作。

图 15-24　添加"渐显"入场动画

▶▶ 步骤11 拖动时间轴至片尾素材的起始位置，切换至"特效"功能区，在"画面特效"|"基础"选项卡中，单击"全剧终"特效右下角的"添加到轨道"按钮⊕，如图 15-25 所示。

图 15-25 单击"添加到轨道"按钮⊕

▶▶ 步骤12 在视频结尾处添加片尾素材，根据特效的时长调整片尾素材的时长，如图 15-26 所示，即可完成片尾的制作。

图 15-26 根据特效的时长调整片尾素材的时长

15.5 使用剪映设置电影解说字幕的样式

在剪映电脑版中，用户可以通过设置字幕样式，让字幕变得更醒目、更美观。下面介绍在剪映电脑版中为字幕设置样式效果的具体操作步骤。

扫码看视频

▶▶ 步骤1 选择第一段字幕，在"文本"操作区的"基础"选项卡中，更改文字字体，设置"字号"参数为6，如图 15-27 所示。

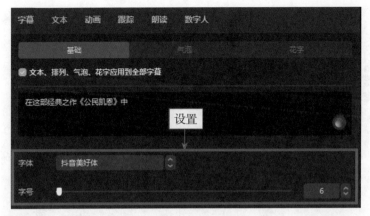

图 15-27　设置"字号"参数为 6

▶▶ 步骤 2 　设置相应的预设样式，如图 15-28 所示，设置的样式效果会自动同步添加到其他的字幕上。

图 15-28　设置相应的预设样式

15.6　使用剪映为电影解说设置背景音乐

在剪映电脑版中，用户可以通过添加关键帧和设置"音量"参数轻松制作出音频的音量高低变化效果。下面介绍在剪映电脑版中添加并编辑背景音乐的具体操作步骤。

扫码看视频

▶▶ 步骤 1 　拖动时间轴至视频起始位置，在"音频"功能区的"音乐素材"选项卡中，搜索"忧伤钢琴曲"，单击相应音乐右下角的"添加到轨道"按钮

⊕，如图 15-29 所示，为视频添加一段背景音乐。

图 15-29　单击"添加到轨道"按钮⊕

▶▶ 步骤 2　拖动时间轴至视频结束位置，单击"向右裁剪"按钮▐Ⅰ，如图 15-30 所示，即可分割并自动删除多余的背景音乐。

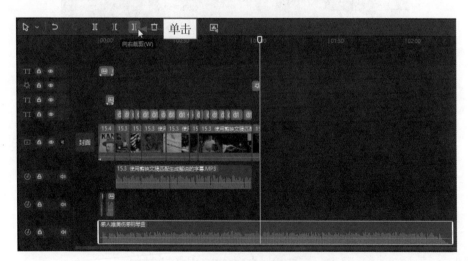

图 15-30　单击"向右裁剪"按钮▐Ⅰ

▶▶ 步骤 3　拖动时间轴至片尾素材的起始位置，在"基础"操作区中，设置"音量"参数为 −20.0 dB，单击"音量"选项右侧的"添加关键帧"按钮◇，如图 15-31 所示，添加第一个关键帧。

▶▶ 步骤 4　拖动时间轴至视频结束位置，在"音频"操作区中，设置"音量"参数为 0.0 dB，自动添加第二个关键帧，如图 15-32 所示，使背景音乐的音量慢慢恢复正常。

图 15-31　单击"添加关键帧"按钮◇

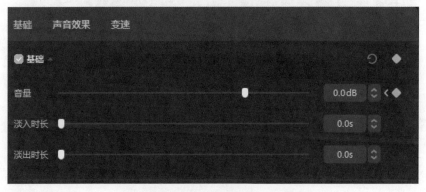

图 15-32　自动添加第二个关键帧

▶▶ 步骤5　在"基础"操作区中，设置"淡出时长"参数为 1.0 s，如图 15-33 所示，为音频添加淡出效果。

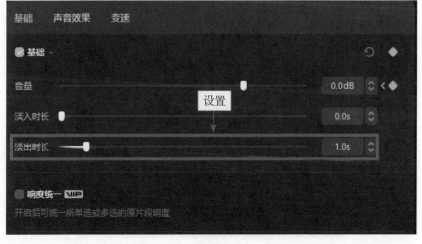

图 15-33　设置"淡出时长"参数为 1.0 s

15.7　使用剪映为电影解说视频添加封面

在剪映电脑版中，用户可以为视频设置封面。另外，在导出视频时，系统会自动将封面图片一同导出，用户可以在短视频平台上发布视频时添加导出的封面图片，从而增加视频的点击率。下面介绍在剪映电脑版中为视频设置封面的具体操作步骤。

扫码看视频

▶▷ 步骤 1　在视频轨道的起始位置单击"封面"按钮，如图 15-34 所示。

图 15-34　单击"封面"按钮

▶▷ 步骤 2　弹出"封面选择"面板，在"视频帧"选项卡中拖动时间轴，选取合适的封面图片，单击"去编辑"按钮，如图 15-35 所示。

图 15-35　单击"去编辑"按钮

▶▶ 步骤3 弹出"封面设计"面板,单击"完成设置"按钮,如图 15-36 所示。

图 15-36 单击"完成设置"按钮

> 专家提醒:封面是一个视频的门面,通常情况下,封面需要传递出整个视频的主题,让人一看就能明白这个视频讲的是什么。因此,我们在选择电影解说视频的封面时,最好还是选择包含片头文字的画面。

▶▶ 步骤4 执行操作后,如果视频轨道的前方出现了一个封面,就说明电影解说的封面设置成功了,如图 15-37 所示。

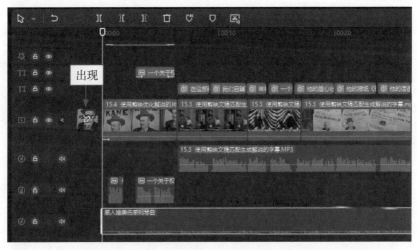

图 15-37 电影解说的封面设置成功

▶▶ 步骤5 封面设置完成后,《经典电影解说》视频就制作完成了。在"播放器"窗口中单击播放按钮▶,即可预览视频的效果,如图 15-38 所示。

图 15-38　预览《经典电影解说》视频的效果

专家提醒：在制作电影解说视频时，要考虑版权问题，如果没有获得版权方的授权，可能会有侵权的风险。为了规避侵权风险，我们在选择电影时，可以尽量选择那些已经过了版权保护期的电影。

第 **16** 章

《保护大熊猫》：运用腾讯智影文章转视频生成

腾讯智影的"文章转视频"功能可以通过 AI 匹配将用户提供的文案转换成视频。例如，用户可以先在 ChatGPT 中生成《保护大熊猫》的相关文案，然后再借助 Midjourney 生成图片素材，最后在腾讯智影中用文案生成视频，并用生成的图片素材替换掉视频中不合适的素材，即可生成《保护大熊猫》的视频。

扫码看效果

16.1　使用 ChatGPT 生成大熊猫的文案

使用 ChatGPT 生成视频文案可以节省用户的时间和精力，并降低了短视频创作的门槛。在使用 ChatGPT 生成视频文案时，我们可以通过多次询问，一步一步引导 ChatGPT 给出想要的内容。下面介绍用 ChatGPT 生成《保护大熊猫》文案的方法。

扫码看视频

 提问

你了解大熊猫吗?

 ChatGPT

是的，大熊猫是一种来自中国的熊科动物，以其标志性的黑白色斑纹而闻名。以下是一些关于大熊猫的基本信息:

1. 分布和栖息地: 大熊猫主要分布在中国中西部的山脉地区，如四川、陕西和甘肃等地。它们生活在竹子茂密的山地森林中，海拔范围通常在 1 200 至 3 400 米。

2. 外貌特征: 大熊猫具有圆圆的脸庞，黑白相间的柔软毛发，黑色的眼圈和耳朵，以及笨拙的行走方式。这些特征使它们成为备受喜爱的动物。

3. 主要食物: 大熊猫是一种主食竹子的食肉动物，约 99% 的食物来自竹子。它们还吃水果、小型哺乳动物和鸟蛋。

4. 濒危状态: 大熊猫是一种易危物种，主要威胁来自栖息地丧失、竹子丰富度减少及人类活动。中国政府和国际组织一直在进行努力，以保护和增加大熊猫的数量。

5. 保护工作: 为了保护大熊猫，许多国家设立了自然保护区，提供了安全的栖息地。此外，研究机构也在进行大熊猫繁殖和保护的科学研究。

 提问

请用 50 字左右的文案，描述大熊猫的外貌。

 ChatGPT

大熊猫: 圆圆脸庞，黑白交错的柔软毛发，黑眼圈与耳朵，宛如活泼的画布，漫步竹海中，身披独特斑纹的迷人生灵。

提问

请以"保护大熊猫"为主题，创作一篇150字左右的短视频文案。

ChatGPT

保护大熊猫，守护自然宝藏！在竹海中，它们是生态平衡的守护者。我们的责任是保护它们的家园，维护森林的绿意。每一次的关爱与行动，都是为了让它们在自然的怀抱中安居乐业。携手共建和谐家园，为大熊猫的未来，为我们的地球贡献一份爱心。一起加入，为大自然点亮希望的绿光！

16.2 使用 Midjourney 生成大熊猫的图片

扫码看视频

用户可以结合 ChatGPT 生成的熊猫图片的文案内容，在 Midjourney 中生成对应的图片，并将其作为视频素材备用，具体操作步骤如下。

▶▶ 步骤1 复制生成的大熊猫图片的文案内容，将其粘贴至百度翻译中进行简单的调整，并翻译成英文词汇，如图 16-1 所示。

图 16-1 将文案内容进行调整并翻译成英文词汇

▶▶ 步骤2 选中用百度翻译生成的英文词汇并右击，在弹出的快捷菜单中选择"复制"选项，如图 16-2 所示。

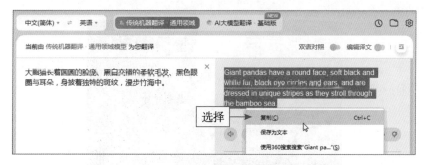

图 16-2 选择"复制"选项

▶▷ 步骤3 在 Midjourney 下面的输入框内输入"/"（正斜杠符号），选择/imagine选项，在输入框中粘贴刚刚复制的英文词汇，添加相关的参数词汇，如 4K --ar 16:9（4K 高清分辨率，宽度比为 16:9），如图 16-3 所示。

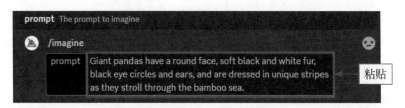

图 16-3 粘贴复制的英文词汇并添加相关的参数词汇

▶▷ 步骤4 按【Enter】键发送，即可将粘贴和添加的词汇作为关键词生成四张图片，单击对应的 U 按钮，如 U1 按钮，选择相对满意的图片，如图 16-4 所示。

图 16-4 单击 U1 按钮

▶▷ 步骤5 执行操作后，Midjourney 将在第一张图片的基础上进行更加精细的刻画，并放大图片效果，如图 16-5 所示。

图 16-5 放大图片效果

▶▶ 步骤 6 参照同样的操作方法，对文案内容进行一些调整生成其他的图片，并将这些图片作为视频素材备用。

16.3 使用腾讯智影生成大熊猫的视频

用户可以将 ChatGPT 创作的文案粘贴至腾讯智影的相应文本框中，快速生成保护大熊猫的初步视频，具体操作步骤如下。

扫码看视频

▶▶ 步骤 1 在浏览器中搜索并进入腾讯智影官网，单击页面中的"登录"按钮，如图 16-6 所示。

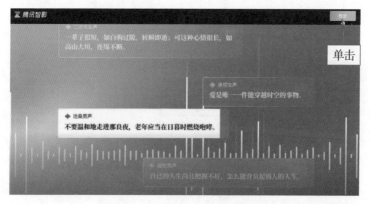

图 16-6 单击"登录"按钮

▶▶ 步骤 2 执行操作后，弹出"微信登录"对话框，如图 16-7 所示。腾讯智影支持微信、手机号、QQ 和账号密码这四种登录方式，用户可以随意选择。

图 16-7 弹出"微信登录"对话框

专家提醒：以微信登录为例，用户需要打开微信 App，点击首页右上角的 ⊕ 按钮，在弹出的下拉列表框中选择"扫一扫"选项，进入"扫一扫"界面，将摄像头对准二维码进行扫描，并根据指示进行操作，即可完成登录。

▶▶ 步骤 3　登录完成后，进入腾讯智影"创作空间"页面，单击"文章转视频"按钮，如图 16-8 所示。

图 16-8　单击"文章转视频"按钮

▶▶ 步骤 4　复制 ChatGPT 生成的文案，在文本框中粘贴复制的文案并进行简单的处理，设置"成片类型"为"解压类视频"、"视频比例"为"横屏"、"朗读音色"为"康哥"，单击"生成视频"按钮，如图 16-9 所示，即可开始进行视频的生成。

图 16-9　单击"生成视频"按钮

▶▶ 步骤5 执行操作后会弹出一个对话框，该对话框中会显示视频剪辑生成的进度，如图 16-10 所示，用户只需要等待视频生成即可。

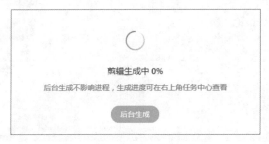

剪辑生成中 0%

后台生成不影响进程，生成进度可在右上角任务中心查看

后台生成

图 16-10　剪辑生成的进度

▶▶ 步骤6 稍等片刻，即可进入视频编辑页面，查看生成的视频效果，如图 16-11 所示。

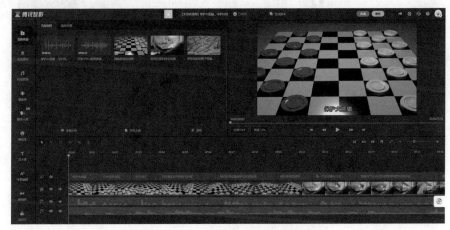

图 16-11　查看生成的视频效果

16.4　使用腾讯智影替换不匹配的素材

从 16.3 中的图 16-11 可以看出，腾讯智影生成的视频各项要素都很齐全，但是有的素材却与文案内容不太匹配。对此，用户可以用 Midjourney 生成的图片素材来替换这些不匹配的素材，具体操作步骤如下。

扫码看视频

▶▶ 步骤1 在腾讯智影中用文案生成的视频可能把所有素材都连在一起了，为了方便替换素材，用户需要先将视频分割。即将时间轴拖动至需要分割视频的位置，单击"分割"按钮，如图 16-12 所示。

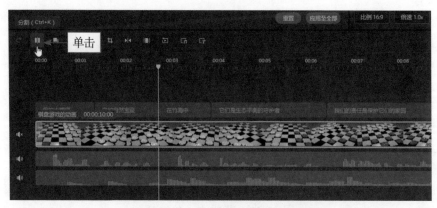

图 16-12　单击"分割"按钮 ▌▌

▶▶ 步骤 2　执行操作后，即可将视频素材分割，如图 16-13 所示。

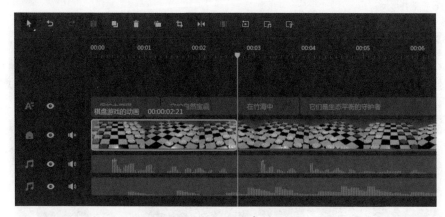

图 16-13　将视频素材分割

▶▶ 步骤 3　参照同样的操作方法，将视频的其他部分进行分割，如图 16-14 所示。

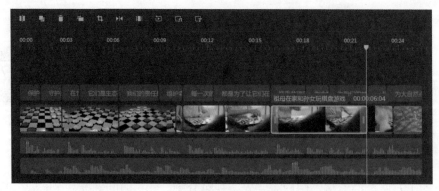

图 16-14　将视频的其他部分进行分割

▶▶ 步骤4 进入视频编辑页面，单击"当前使用"选项卡中的"本地上传"按钮，如图 16-15 所示。

图 16-15 单击"本地上传"按钮

▶▶ 步骤5 执行操作后，弹出"打开"对话框，选择要上传的所有素材，单击"打开"按钮，如图 16-16 所示。

图 16-16 单击"打开"按钮

▶▶ 步骤6 执行操作后，如果"当前使用"选项卡中显示刚刚选择的图片素材，就说明这些图片素材上传成功了，如图 16-17 所示。

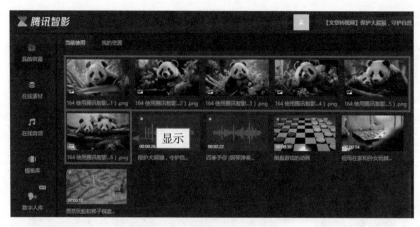

图 16-17　图片素材上传成功

▶▶ 步骤7　素材上传完成后，即可开始进行替换，在视频轨道的第一段素材上单击"替换素材"按钮，如图 16-18 所示。

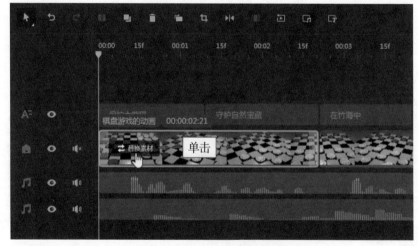

图 16-18　单击"替换素材"按钮

▶▶ 步骤8　执行操作后，弹出"替换素材"面板，在"我的资源"选项卡中选择要替换的素材，如图 16-19 所示。

▶▶ 步骤9　执行操作后，即可预览素材的替换效果，单击"替换"按钮，如图 16-20 所示，进行素材的替换。

▶▶ 步骤10　如果对应视频轨道中显示刚刚选择的图片素材，就说明图片素材替换成功了，如图 16-21 所示。

▶▶ 步骤11　用与上相同的操作方法，将素材按顺序进行替换，效果如图 16-22 所示。

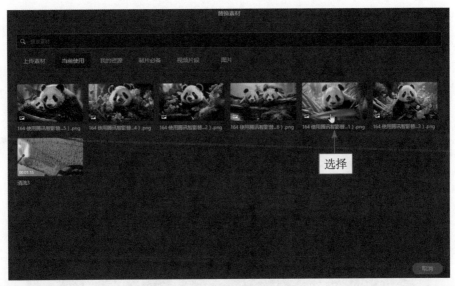

图 16-19　选择要替换的素材

图 16-20　单击"替换"按钮

图 16-21　图片素材替换成功

图 16-22　将素材按顺序进行替换

▶▷ 步骤 12 素材替换完成后，单击"合成"按钮，如图 16-23 所示，进行视频的合成。

图 16-23 单击"合成"按钮

▶▷ 步骤 13 执行操作后，在弹出的"合成设置"对话框中，设置视频的名称和分辨率，单击"合成"按钮，如图 16-24 所示。

图 16-24 单击"合成"按钮

▶▷ 步骤 14 执行操作后，会自动跳转至"我的资源"页面，并对视频进行合成。视频合成之后，单击对应视频的封面即可，如图 16-25 所示。

> 专家提醒：如果用户要下载合成的《保护大熊猫》视频，只需要将鼠标放置在视频封面上，单击 ⬇ 按钮，并根据要求设置下载信息即可。

图 16-25　单击对应视频的封面

▶▷ 步骤15 执行操作后，即可进入视频预览界面，查看《保护大熊猫》视频的效果，如图 16-26 所示。

保护大熊猫

我们的责任是保护它们的家园

携手共建和谐家园

为大自然点亮希望的绿光

图 16-26　查看《保护大熊猫》视频的效果

第 17 章

《周年店庆视频》：
运用腾讯智影主题
模板生成

腾讯智影拥有丰富的数字人资源，并提供了多种
多样的热门视频模板，用户可以选择喜欢的模板，对
数字人形象、视频内容进行修改，从而生成自己的数
字人播报视频。例如，用户可以先在 ChatGPT 中生
成周年店庆的文案，然后在腾讯智影中用文案制作数
字人，并在此基础上添加相关的视频元素，即可生成
《周年店庆视频》。

扫码看效果

17.1 使用 ChatGPT 生成周年店庆的文案

如果用户要生成《周年店庆视频》，可以先用 ChatGPT 生成相关的文案，为图片素材的生成做好准备，具体如下。

 提问

请为我生成一篇150字左右的周年店庆文案，要求：讲清楚具体的优惠信息。

 ChatGPT

店庆周年，感激您的陪伴！为答谢一年的支持，特别推出全场商品8折优惠，满200元返50元购物券！独家尊享，前100名顾客更可获得豪华庆典大礼包。欢庆时光，狂欢不停！感谢有您，共创美好回忆，期待在未来继续携手前行！

17.2 使用腾讯智影主题模板生成播报

腾讯智影中为用户提供了很多主题模板，用户可以选择合适的模板快速生成视频并制作播报内容，具体操作步骤如下。

▶▶ 步骤 1 进入腾讯智影的官网并登录账号，在"创作空间"页面的"主题模板"板块中，选择相应的数字人视频模板，如图 17-1 所示。

图 17-1　选择相应的数字人视频模板

> 专家提醒：腾讯智影中提供的"主题模板"板块会不定期更新，大家不必纠结使用同一个模板，只需要找到适合自身主题的模板即可。

▶▷ 步骤2 执行操作后，弹出相应面板，并自动播放模板效果，单击"立即使用"按钮，如图 17-2 所示。

▶▷ 步骤3 进入模板编辑页面，选中模板中需要删除的页面，单击"删除"按钮🗑，如图 17-3 所示，将其删除。参照同样的操作方法，将其他多余的页面删除。

图 17-2 单击"立即使用"按钮　　　图 17-3 单击"删除"按钮🗑

▶▷ 步骤4 执行操作后，单击"播报内容"的文字输入框，如图 17-4 所示。

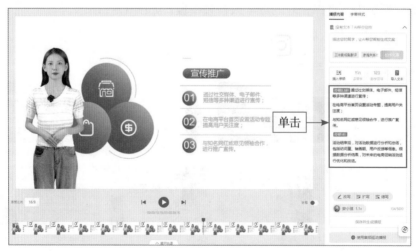

图 17-4 单击"播报内容"的文字输入框

▶▷ 步骤5 复制 ChatGPT 生成的文案，在文本框中粘贴复制的文案并进行简单的处理，设置播报的声音，开启"字幕"功能，单击"保存并生成播报"按钮，如图 17-5 所示，稍等片刻，即可更改视频的配音内容和字幕。

图 17-5 单击"保存并生成播报"按钮

> 专家提醒:在"播报内容"选项卡中可以通过"插入停顿"功能,设置播报的停顿时间。具体来说,用户只需要单击"插入停顿"按钮,在弹出的下拉列表框中选择停顿时间即可。

17.3 使用腾讯智影调整视频中的数字人

用户可以在模板的基础上,直接对视频中的数字人进行调整,让数字人呈现出想要的效果,具体操作步骤如下。

扫码看视频

▶▶步骤1 在左侧的"预置形象"选项卡中,选择合适的数字人,如图 17-6 所示。

图 17-6 选择合适的数字人

▶▶步骤2 执行操作后,即可完成数字人形象的更改,如图 17-7 所示。

图 17-7　完成数字人形象的更改

17.4　使用腾讯智影优化视频的展示效果

因为是直接用模板制作的视频，所以，调整好视频中的数字人之后，视频画面中的很多内容与文案还是不匹配的。对此，用户需要对画面中的信息进行调整和优化，让视频呈现出更好的效果，具体操作步骤如下。

扫码看视频

▶▶ 步骤 1　选择视频模板播放页面中多余的字幕内容，右击，在弹出的快捷菜单中选择"删除"选项，如图 17-8 所示，将其删除。

图 17-8　选择"删除"选项

▶▶ 步骤 2　选择需要修改内容的字幕，在"文本"输入框中输入字幕内容，设置"字符"属性，即可完成字幕的调整，如图 17-9 所示。

图 17-9　完成字幕的调整

▶▶ 步骤 3　参照上述操作方法，删除其他多余的字幕和插件，并根据文案内容调整字幕属性，效果如图 17-10 所示。

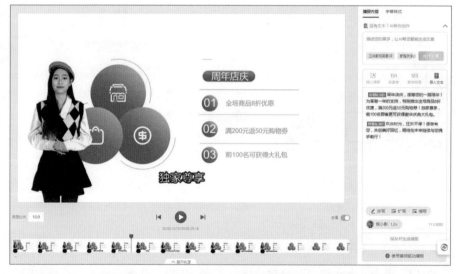

图 17-10　根据文案内容调整字幕属性的效果

▶▶ 步骤 4　选择需要调整动画效果的字幕，切换至"动画"选项卡，选择合适的进场动画，设置动画的时长，如图 17-11 所示。

▶▶ 步骤 5　单击页面左上方的"合成视频"按钮，图 17-12 所示，进行视频的生成。

▶▶ 步骤 6　在弹出的"合成设置"对话框中，设置视频名称，单击"确定"按钮，如图 17-13 所示，进行视频的生成。

▶▶ 步骤 7　执行操作后，在弹出的"功能消耗提示"对话框中，单击"确定"按钮，如图 17-14 所示（有时候系统可能会跳过这一步）。

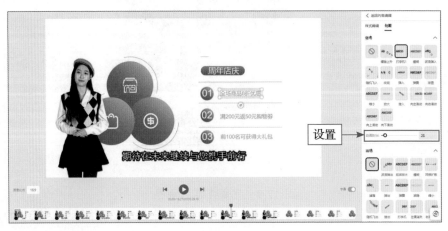

图 17-11　设置动画的时长

图 17-12　单击"合成视频"按钮

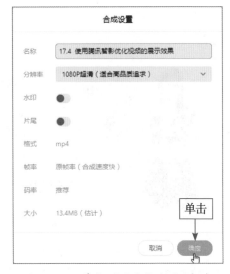

图 17-13　单击"确定"按钮（1）

图 17-14　单击"确定"按钮（2）

▶▶ 步骤 8 执行操作后会跳转至"我的资源"页面并进行视频的合成，将鼠标放置在视频封面上，单击 ✂ 按钮，如图 17-15 所示，进行视频的剪辑。

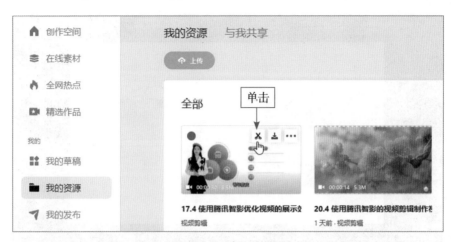

图 17-15 单击 ✂ 按钮

▶▶ 步骤 9 进入视频剪辑页面，将时间轴拖动至音频播放完成的位置，单击"分割"按钮，如图 17-16 所示。

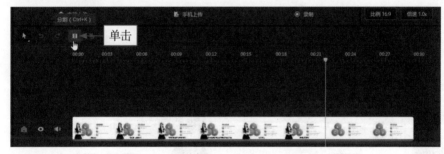

图 17-16 单击"分割"按钮

▶▶ 步骤 10 选择多余的视频部分，单击"删除"按钮，如图 17-17 所示，将多余的视频删除。

图 17-17 单击"分割"按钮

▶▶ 步骤11 单击剪辑页面右上方的"合成"按钮，如图 17-18 所示，对剪辑后的视频进行合成。

图 17-18　单击"合成"按钮

▶▶ 步骤12 视频合成完成后，单击"我的资源"页面中对应视频的封面，即可进入视频预览页面，查看《周年店庆视频》的效果，如图 17-19 所示。

图 17-19　查看《周年店庆视频》的效果

第 **18** 章

《抖音电商带货》：
运用腾讯智影数字
人模板生成

　　腾讯智影中提供了很多数字人模板，用户可以选
择合适的模板，进行 AI 短视频的制作。例如，用户可
以先在 ChatGPT 中生成抖音电商带货的文案，然后
借助文案制作图片素材，之后在腾讯智影中使用数字
人模板制作视频，并替换掉不合适的素材，即可生成
《抖音电商带货》视频。

扫码看效果

18.1　使用 ChatGPT 生成抖音带货文案

扫码看视频

如果用户要生成《抖音电商带货》视频，可以先用 ChatGPT 生成相关的文案，为接下来的图片素材生成做好准备，具体如下。

 提问

请为我生成一篇 150 字左右的抖音电商带货文案，要求：重点介绍几种要销售的商品。

 ChatGPT

发现＃抖音电商＃热门好物！首先，来自梦幻文具店的创意笔记本，每一页都是独一无二的设计，点亮你的创造灵感。其次，别错过美味糖果小铺的手工巧克力礼盒，精选材料制作，每一口都是甜蜜的享受，送礼自用皆宜。最后，清新家居生活店的香氛蜡烛，各种芳香给你一个舒适放松的环境，让你尽情享受生活。现在购买还有限时优惠，快来抢购吧！

18.2　使用腾讯智影选择数字人模板

扫码看视频

腾讯智影内置了很多营销推广类的数字人模板，用户可以根据自己的需求和商品的特点选择适合的模板，具体操作步骤如下。

▶▶ 步骤1　进入腾讯智影的"创作空间"页面，单击"数字人播报"选项区中的"去创作"按钮，如图 18-1 所示。

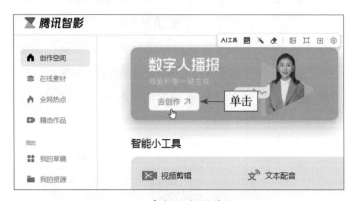

图 18-1　单击"去创作"按钮

▶▶ 步骤2　执行操作后，进入相应页面，展开"模板"面板，点击"竖版"

按钮，如图 18-2 所示，切换至"竖版"选项卡。

▶▶ 步骤 3 选择一个电商类的数字人模板，单击预览图右上角的 ➕ 按钮，如图 18-3 所示，确认使用该模板。

图 18-2 单击"竖版"按钮

图 18-3 单击 ➕ 按钮

▶▶ 步骤 4 执行操作后，即可预览模板的效果，如图 18-4 所示。

图 18-4 预览模板的效果

18.3 使用腾讯智影调整数字人的信息

腾讯智影提供了多种数字人形象编辑工具，可以帮助用户快速调整数字人的相关信息，具体的操作步骤如下。

扫码看视频

▶▶ 步骤 1 展开"数字人"面板，在"预置形象"选项卡中，选择"又琳"

数字人形象，如图 18-5 所示。

图 18-5　选择"又琳"数字人形象

▶▶ 步骤 2　单击"画面"标签，如图 18-6 所示，进行选项卡的切换。

图 18-6　单击"画面"按钮

▶▶ 步骤 3　在"画面"选项卡中设置数字人的相关信息，如图 18-7 所示，
调整数字人的显示效果。

图 18-7　设置数字人的相关信息

▶▶ 步骤 4　单击"返回内容编辑"按钮，复制 ChatGPT 生成的文案内容，

将其粘贴至"播报内容"选项卡的输入框中，并将粘贴的内容略作处理，单击"保存并生成播报"按钮，如图 18-8 所示，生成数字人播报内容。

图 18-8　单击"保存并生成播报"按钮

18.4　使用腾讯智影调整视频的字幕信息

在腾讯智影中使用数字人模板生成视频时，除了数字人信息之外，用户还需要对视频的字幕信息进行调整。下面就来介绍视频字幕信息的调整技巧，具体操作步骤如下。

扫码看视频

▶▶ 步骤 1　选中需要删除的字幕信息，右击，在弹出的快捷菜单中选择"删除"选项，如图 18-9 所示，将其删除。参照同样的操作方法，删除其他多余的字幕信息。

图 18-9　选择"删除"选项

▶▷ 步骤2 选中需要调整的字幕信息，在右侧的"文本"框中输入对应的信息，并设置"字符"的相关信息，如图 18-10 所示。参照同样的操作方法，调整其他的字幕信息，完成视频内容的调整。

图 18-10　设置"字符"的相关信息

▶▷ 步骤3 单击"模板"页面右上方的"合成视频"按钮，如图 18-11 所示，进行视频的合成。

图 18-11　单击"合成视频"按钮

▶▷ 步骤4 根据系统提示，设置视频的合成信息，会消耗一定的数字人使用时间。稍等片刻，即可合成视频。视频合成后，单击 ✖ 按钮，如图 18-12 所示，参照 18.4 中的操作删除多余的视频部分，即可完成视频的制作。

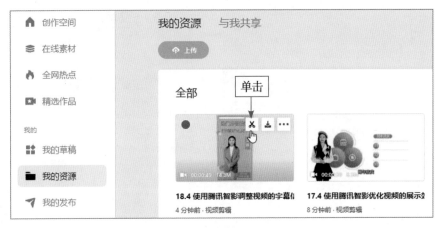

图 18-12　单击 ✂ 按钮

▶▶ 步骤5　视频制作完成后，单击"合成"按钮，重新合成视频。视频合成完成后，单击"我的资源"页面中对应视频的封面，即可进入视频预览界面，查看《抖音电商带货》视频的效果，如图 18-13 所示。

图 18-13　查看《抖音电商带货》视频的效果

第**19**章

《四季变化视频》：
运用 PiKa 上传图
片素材生成

PiKa 是一款简单易用的 AI 短视频制作工具，用户只需要输入文字或上传图片、视频素材，即可快速生成一个短视频。例如，用户可以先用 ChatGPT 和 Midjourney 生成对应的图片，然后将图片作为素材上传至 PiKa 中，PiKa 将使用该图片素材快速制作一个短视频，本章就来为大家讲解具体的操作技巧。

扫码看效果

19.1 使用 ChatGPT 生成四季变化的文案

用户在使用 PiKa 生成《四季变化视频》时，可以先借助 ChatGPT 生成相关的文案内容，为图片素材的生成准备好关键词，具体如下。

扫码看视频

 提问

请以四季变化为主题，生成一个现实场景的描述性文案，要求：每个季节对应一个场景。

 ChatGPT

春日，一缕温暖的阳光透过嫩绿的树叶洒落在清晨的草地上，微风拂过，带来阵阵清新的花香，小溪潺潺流淌，鸟语花香，大地苏醒。

夏日，炎炎烈日下，游人穿梭于郁郁葱葱的树林间，湖水泛起微波，荷花盛开，蝉鸣声声，唤起了人们对夏日的热情和欢乐。

秋日，天高云淡，树叶由绿转黄，一片金黄的景象铺展在眼前，秋风吹来，带来一丝凉爽，树林间不时传来落叶的沙沙声，令人心生感慨。

冬日，大地一片银装素裹，树木挂满了晶莹剔透的冰晶，湖面结冰，雪花飘落，安静而祥和，仿佛是一幅宁静的画卷，让人心生平静和舒适。四季更替，每一个场景都有其独特的魅力，它们交织成了一幅幅美丽的画卷，记录着大自然的鬼斧神工。

19.2 使用 Midjourney 生成四季变化图片

使用 ChatGPT 生成合适的文案之后，用户可以将文案内容作为关键词在 Midjourney 中生成图片素材，具体操作步骤如下。

扫码看视频

▶▶ 步骤1 复制生成的文案中的部分内容（如文案中关于春季的描述内容），将其粘贴至百度翻译中，并翻译成英文词汇，如图 19-1 所示。

图 19-1 将文案的部分内容加上相关信息并翻译成英文词汇

▶▶ 步骤2 选中用百度翻译生成的英文词汇并右击，在弹出的快捷菜单中选择"复制"选项，如图 19-2 所示。

图 19-2 选择"复制"选项

▶▶ 步骤3 在 Midjourney 下面的输入框内输入"/"（正斜杠符号），选择 /imagine 选项，在输入框中粘贴刚刚复制的英文词汇，添加相关的参数词汇，如 4K --ar 16:9（4K 高清分辨率，宽度比为 16:9），如图 19-3 所示。

图 19-3 粘贴复制的英文词汇并添加相关的参数词汇

▶▶ 步骤4 按【Enter】键发送，即可将粘贴和添加的词汇作为关键词生成四张图片，单击对应的 U 按钮，如 U1 按钮，选择相对满意的图片，如图 19-4 所示。

图 19-4 单击 U1 按钮

▶▶ 步骤5 执行操作后，Midjourney 将在第一张图片的基础上进行更加精细的刻画，并放大图片效果，如图 19-5 所示。

图 19-5 放大图片效果

▶▶ 步骤6 参照同样的操作方法，使用文案的其他内容生成图片，并将这些图片作为视频素材备用。

19.3 使用 PiKa 上传图片素材生成视频

生成对应的图片素材之后，用户可以将图片素材分别上传至 PiKa 中，将每张图片素材都变成一个 3s 的视频，具体操作步骤如下。

扫码看视频

▶▶ 步骤1 在浏览器中搜索 PiKa，单击官网链接并登录账号，即可进入 PiKa 的 Explore 页面，如图 19-6 所示。

图 19-6 PiKa 的 Explore 页面

▶▶ 步骤2 可以看到，此时页面中会以英文的形式显示内容。为了操作的方便，用户可以借助浏览器翻译页面内容。单击页面右上方的 ⋮ 按钮，在弹出的下拉列表框中选择"翻译"选项，如图 19-7 所示。

图 19-7　选择"翻译"选项

专家提醒：PiKa 的 Explore 页面中会显示一些短视频的示例，用户可以单击查看这些视频的效果，也可以在这些视频的基础上添加自己的想法，制作新的视频。

▶▶ 步骤3 执行操作后会弹出一个对话框，单击该对话框中的"中文（简体）"按钮，如图 19-8 所示。

图 19-8　单击"中文（简体）"按钮

▶▶ 步骤4 随后，PiKa"探索"页面中的内容会变成中文，单击页面下方的"图片或视频"按钮，如图 19-9 所示。

图 19-9　单击"图片或视频"按钮

▶▶ 步骤5　弹出"打开"对话框，在该对话框中选择对应的图片素材，单击"打开"按钮，如图 19-10 所示。

图 19-10　单击"打开"按钮

▶▶ 步骤6　执行操作后，如果"图片或视频"按钮的上方出现对应的图片，就说明图片素材上传成功了。单击 ▦ 按钮，在弹出的对话框中设置每秒的帧数，如将"每秒帧数"设置为 24，如图 19-11 所示。

图 19-11　将"每秒帧数"设置为 24

专家提醒：每秒帧数是指在视频制作或电影制作中，每秒钟播放的帧数。它表示了视频画面连续变化的速度。一般来说，视频中的每一帧都是由静止的图像组成，当这些图像以一定的速度连续播放时，就会形成连续的动态画面。在电影制作中，常用的帧率为 24 帧每秒（fps），这意味着每秒钟播放 24 张静止图像，以呈现出连续流畅的动画效果。

▶▶ 步骤 7　单击 ◻ 按钮，在弹出的对话框中设置相机的控制信息，如单击"飞涨"右侧的 ◯ 按钮，将"运动强度"的数值设置为 2，如图 19-12 所示。

图 19-12　将"运动强度"的数值设置为 2

专家提醒："相机控制"对话框中，设置的是镜头的运动方式和运动强度。通常来说，运动强度的数值越大，镜头的运动效果就越明显。

▶▶ 步骤 8　单击 ✂ 按钮，在弹出的对话框中设置负面提示的相关信息，如将负面提示词设置为"人物"，将"与文字的一致性"的数值设置为 12，如图 19-13 所示。

▶▶ 步骤 9　短视频的生成信息设置完成后，单击 ✚ 按钮，如图 19-14 所示，进行短视频的生成。

图 19-13　将"与文字的一致性"的数值设置为 12

专家提醒："负面提示"就是不想让生成的短视频中出现的元素，通常来说，"与文字的一致性"的数值越大，生成的短视频中就越不会出现负面提示词的相关信息。

图 19-14　单击+按钮

专家提醒：在 PiKa 中，用户除了上传图片和短视频素材之外，还可以通过输入关键词来生成短视频。具体来说，用户只需要在"探索"页面下方的"描述你的故事"输入框中输入关键词（如直接将生成的文案内容复制粘贴在该输入框中），并单击+按钮，即可生成一条短视频。

▶▶ 步骤 10 执行操作后，会自动跳转至"我的图书馆"页面，并显示短视频的生成进度，如图 19-15 所示。

专家提醒：PiKa 生成的短视频具有随机性，即便是使用相同的素材，生成的短视频也会出现一定的差异性。另外，PiKa 生成的短视频容量有时候会比素材小很多，这可能会导致生成的短视频不够清晰，此时用户可以选择重新生成短视频，并选择其中清晰度相对较高的短视频。

图 19-15　显示短视频的生成进度

▶▷ 步骤 11　短视频生成之后，如果对生成的内容不满意，可以单击"重试"按钮，如图 19-16 所示，重新生成短视频。

图 19-16　单击"重试"按钮

▶▷ 步骤 12　执行操作后，系统会使用相同的图片素材和短视频设置信息，自动重新生成一个短视频，如图 19-17 所示。

> 专家提醒：单击短视频下方的短视频封面，可以进行短视频的切换，从而查看之前生成的短视频。

图 19-17　重新生成一个短视频

▶▶ 步骤 13　如果对当前生成的短视频比较满意，可以将鼠标放置在生成的短视频封面上，并单击 ⬇ 按钮，如图 19-18 所示，下载短视频。

图 19-18　单击 ⬇ 按钮

▶▶ 步骤 14　参照同样的操作方法，进行夏、秋、冬季的短视频制作，即可获得每个季节对应的短视频，如图 19-19 所示。将这些素材都下载下来并保存，以备后用。

> 专家提醒：从 PiKa 中下载短视频时，不会弹出对话框让用户选择视频的保存位置，而是自动将视频下载到计算机中的相应文件夹中。也就是说，短视频下载完成后，用户需要单击浏览器的下载按钮，从中找到对应的短视频，并将其复制粘贴到计算机中的对应位置。

图 19-19　获得每个季节对应的短视频

专家提醒：在 PiKa 中生成 3s 的短视频之后，可以使用"添加 4 秒"功能延长短视频的长度。不过，该功能需要支付一定的费用，开通"标准""无限"或"专业版"计划才能使用。这几种计划相当于是花钱购买不同等级的服务，用户购买的服务等级越高，可以使用的功能就越多。

19.4　使用剪映的后期处理功能合成视频

通常情况下，PiKa 制作的都是 3 s 的短视频，对于很多人来说，这样的视频太短了，因此有的人会使用剪映等软件将几个短视频合成为一个视频。这一节，就来为大家介绍使用剪映的后期处理功能合成《四季变化视频》的具体操作步骤。

扫码看视频

▶▷ 步骤 1　打开剪映电脑版，单击"首页"界面中的"开始创作"按钮，进入视频编辑页面，单击"导入"按钮，在弹出的"请选择媒体资源"对话框中选择对应的短视频素材，单击"打开"按钮，如图 19-20 所示。

▶▷ 步骤 2　如果本地媒体中出现相关的短视频封面，就说明短视频素材上传成功了。单击第一个短视频封面中的"添加到轨道"按钮，将这些短视频素材添加到视频轨道中，如图 19-21 所示。

▶▷ 步骤 3　执行操作后，即可将四个短视频素材添加到视频轨道中，如图 19-22 所示，实现视频的合成。

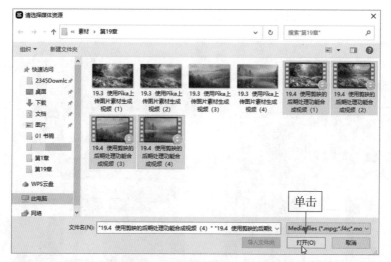

图 19-20　单击"打开"按钮

图 19-21　单击"添加到轨道"按钮⊕（1）

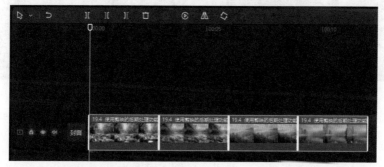

图 19-22　将四个短视频素材添加到视频轨道中

▶▶ 步骤4　PiKa 生成的短视频是没有任何声音的，为了增加合成视频的吸引力，我们可以给视频添加合适的背景音乐。如可以拖动时间轴至视频起始位置，依次单击"音频"功能区中的"音乐素材"按钮和"舒缓"按钮，如

图 19-23 所示，查看剪映提供的舒缓音乐。

图 19-23 单击"舒缓"按钮

▶▶ 步骤 5 在剪映提供的舒缓音乐中选择合适的音乐，单击该音乐右侧的"添加到轨道"按钮 ⊕，如图 19-24 所示，将其添加至音频轨道中。

图 19-24 单击"添加到轨道"按钮 ⊕ (2)

▶▶ 步骤 6 拖动时间轴至视频结束位置，单击"向右裁剪"按钮 ❚，如图 19-25 所示，分割并自动删除多余的背景音乐。

▶▶ 步骤 7 除了背景音乐之外，我们还可以为视频添加合适的滤镜，让视频更具有观赏性。如可以拖动时间轴至视频起始位置，依次单击"滤镜"功能区中的"滤镜库"按钮和"风景"按钮，如图 19-26 所示，查看剪映提供的风景类滤镜。

图 19-25　单击"向右裁剪"按钮

图 19-26　单击"风景"按钮

▶▶ 步骤8　在剪映提供的风景类滤镜中选择合适的滤镜效果，单击该滤镜效果中的"添加到轨道"按钮，如图 19-27 所示，将其添加至滤镜轨道中。

图 19-27　单击"添加到轨道"按钮（3）

▶▷ 步骤9 执行操作后，视频轨道的上方如果显示对应滤镜效果的名称，就说明该滤镜效果添加成功了，如图 19-28 所示。

图 19-28　滤镜效果添加成功

▶▷ 步骤10 根据自身需求调整滤镜效果的应用范围，如将滤镜效果应用到整个视频中，如图 19-29 所示。

图 19-29　将滤镜效果应用到整个视频中

▶▷ 步骤11 因为这个视频是由多个短视频片段合成的，可能会出现各短视频片段衔接不够顺畅的问题。对此，我们可以在各短视频片段的衔接处添加转场效果，让前后的过渡更加顺畅。如可以拖动时间轴至视频起始位置，依次单击"转场"功能区中的"专场效果"按钮和"叠化"按钮，如图 19-30 所示，查看剪映提供的叠化类转场效果。

▶▷ 步骤12 在剪映提供的叠化类转场中选择合适的转场效果，单击该转场效果中的"添加到轨道"按钮  ，如图 19-31 所示，将其添加至转场效果轨道中。

图 19-30　单击"叠化"按钮

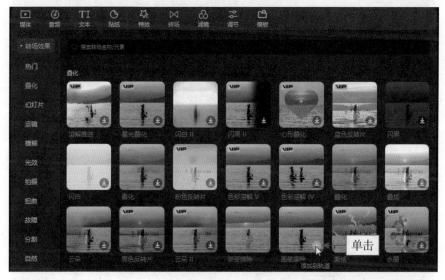

图 19-31　单击"添加到轨道"按钮 ●（4）

▶▷ 步骤13　执行操作后，如果第一个短视频片段和第二个短视频片段之间出现了 ◤ 按钮，就说明转场特效添加成功了，如图 19-32 所示。

▶▷ 步骤14　转场特效添加成功之后，剪映的右上方会显示"转场"窗口，在该窗口中设置转场的时长，单击"应用全部"按钮，如图 19-33 所示，将同样的转场效果添加到其他短视频片段的衔接处。

图 19-32　转场特效添加成功

图 19-33　单击"应用全部"按钮

▶▶ 步骤 15　执行操作后，如果各短视频片段之间都出现了▷◁按钮，就说明对应转场效果应用到全部视频成功了，如图 19-34 所示。

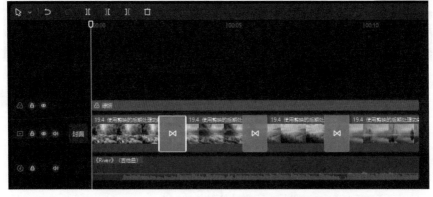

图 19-34　转场效果应用到全部视频成功

▶▷ 步骤 16 转场效果设置完成后，《四季变化视频》就制作完成了。在"播放器"窗口中，单击播放按钮▶，即可预览视频的效果，如图 19-35 所示。

图 19-35　预览《四季变化视频》的效果

专家提醒：除了本章中介绍的官网版 PiKa 之外，还有一种用 Discord 账号登录使用的 PiKa。这种 PiKa 的使用方法与 Midjourney 类似，由于本书篇幅有限，这里就不详细介绍了。

第 **20** 章

《花中的四君子》：
运用 Runway
图像转视频生成

Runway 是一种简单、易用的 AI 短视频制作工具，用户使用邮箱注册账号之后，只需要使用文字或图片，即可制作一个短视频。本章就来为大家介绍使用 Runway 的"图像转视频"功能生成视频的具体操作技巧。

扫码看效果

20.1　使用 ChatGPT 生成花中四君子的文案

在使用 Runway 生成《花中的四君子》视频之前，用户可以先用 ChatGPT 生成花中四君子的描述文案，为图片素材的生成准备好关键词，具体如下。

扫码看视频

 提问

你知道花中四君子吗?

 ChatGPT

花中四君子是指中国传统园林中常见的四种植物，它们分别是梅、兰、竹、菊。这四种植物被称为"君子"，象征着高洁、清雅、纯正的品格和精神境界。它们在中国文化中被视为高雅的象征，常常被用作文人墨客的意境之物，被赋予了许多美好的寓意和诗意。

梅以其坚贞不屈、傲骨铮铮的性格，代表着高洁的品格和坚强的意志；兰因其幽雅清香，象征着高尚的品格和纯洁的心灵；竹以其挺拔高洁、刚直不阿的形象，寓意着坚强和正直；菊因其花香清幽、傲立不凡的气质，象征着高洁和清雅。

这四种植物常常被用作文人墨客的题材，也被用来表达对高尚品质和人格境界的向往。因此，它们在中国传统文化中被视为君子之风的象征，深受人们的喜爱和推崇。

 提问

请以花中四君子为主题，生成一个描述性的文案，要求：对花中四君子的外观分别进行描述。

 ChatGPT

在中国传统文化中，有四种被誉为"花中四君子"的植物，它们各具特色，展现出不同的风采。

梅，花开寒冬，枝干挺拔，花朵独立，素雅清高，花瓣淡雅素洁，散发出一股淡淡的清香。

兰，花姿清雅，花茎高挺，花朵形如蝴蝶，色泽淡雅，芳香扑鼻，令人心旷神怡。

竹，苍翠挺拔，竹叶修长，翠绿欲滴，清风徐来，摇曳生姿，展现出一种挺拔高洁的气质。

菊，花朵丰满，花色多样，有红、白、黄、紫等多种颜色，花瓣层层叠叠，形态各异，花香扑鼻，令人陶醉。

四君子各具风姿，展现出高洁、清雅的品质，它们在自然界中绽放着各自的美丽，成了中国园林中不可或缺的一道风景。

当然，用户在将 ChatGPT 生成的文案内容作为关键词生成图片时，也可以适当对文字信息进行一些调整。如为了让画面看起来更加简洁和美观，可以将菊花的描述信息调整为"一朵丰满的菊花，花瓣层层叠叠，花香扑鼻，令人陶醉"。

20.2 使用 Midjourney 生成花中四君子图片

使用 ChatGPT 生成花中四君子的相关文案之后，用户可 扫码看视频
以将文案内容作为关键词在 Midjourney 中生成图片素材，具体操作步骤如下。

▶▶ 步骤 1 复制生成的文案中的部分内容（如文案中关于梅花的描述内容），将其粘贴至百度翻译中，并翻译成英文词汇，如图 20-1 所示。

图 20-1 将文案的部分内容加上相关信息并翻译成英文词汇

▶▶ 步骤 2 选中用百度翻译生成的英文词汇并右击，在弹出的快捷菜单中选择"复制"选项，如图 20-2 所示。

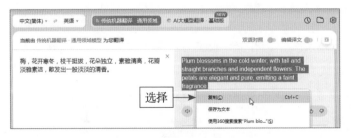

图 20-2 选择"复制"选项

▶▶ 步骤 3 在 Midjourney 下面的输入框内输入"/"（正斜杠符号），

选择/imagine选项,在输入框中粘贴刚刚复制的英文词汇,添加相关的参数词汇,如4K --ar 16:9（4K 高清分辨率,宽度比为 16:9）,如图 20-3 所示。

图 20-3　粘贴复制的英文词汇并添加相关的参数词汇

▶▷ 步骤4　按【Enter】键发送,即可将粘贴和添加的词汇作为关键词生成四张图片,单击对应的 U 按钮,如 U4 按钮,选择相对满意的图片,如图 20-4 所示。

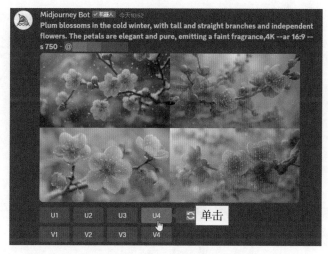

图 20-4　单击 U4 按钮

▶▷ 步骤5　执行操作后,Midjourney 将在第四张图片的基础上进行更加精细的刻画,并放大图片效果,如图 20-5 所示。

图 20-5　放大图片效果

▶▶ 步骤6　参照同样的操作方法，使用文案的其他内容生成图片，并将这些图片作为视频素材备用。

20.3　使用 Runway 的图像转视频生成视频

使用 Midjourney 生成对应的图片素材之后，用户可以将图片素材分别上传至 Runway 中，并使用 Runway 的"图像转视频"功能生成一个视频，具体操作步骤如下。

扫码看视频

▶▶ 步骤1　在浏览器中搜索 Runway，单击官网链接并登录账号，即可进入 Runway 的默认页面，单击页面中的 Try Runway for free（尝试免费使用 Runway）按钮，如图 20-6 所示。

图 20-6　单击 Try Runway for Free 按钮

▶▶ 步骤2　单击 Home 页面中的 Try from Gen-2（尝试第二代版本）按钮，如图 20-7 所示，开始进行视频的生成。

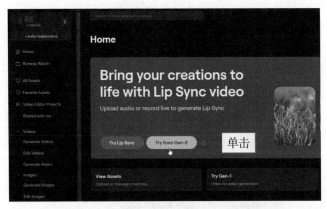

图 20-7　单击 Try from Gen-2 按钮

▶▶ 步骤3 执行操作后，进入 Text/Image to Video（文本 / 图像转视频）页面，单击 Upload a file（上传文件）链接，如图 20-8 所示，上传图像素材。

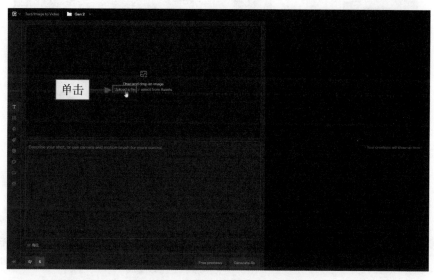

图 20-8 单击"上传文件"链接

▶▶ 步骤4 在弹出的"打开"对话框中选择需要上传的图片素材，单击"打开"按钮，如图 20-9 所示，将该图片素材上传至 Runway 中。

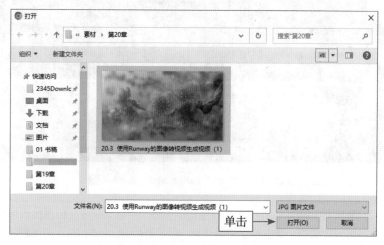

图 20-9 单击"打开"按钮

▶▶ 步骤5 执行操作后，如果 Text/Image to Video 页面中出现刚刚选择的图片素材，就说明该图片素材上传成功了。图片素材上传之后，用户可以对将要生成的视频的相关信息进行设置，单击 General settings（常规设置）按钮▦，如图 20-10 所示，对将要生成的视频常规信息进行设置。

《花中的四君子》：运用 Runway 图像转视频生成

图 20-10　单击 General Settings 按钮⊞

▶▷ 步骤6　在页面下方的 General Settings 面板中设置将要生成的视频的常规信息，如使用系统的默认设置。单击 Camera Settings（相机设置）按钮⊕，如图 20-11 所示，对视频画面的运动情况进行设置。

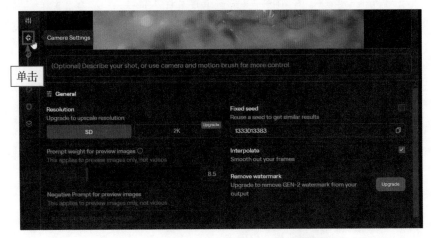

图 20-11　单击 Camera Settings 按钮⊕

专家提醒：虽然 General Settings 面板中可以设置的内容比较多，但是普通用户能设置的信息是比较有限的，像去除水印等信息，需要升级 Runway 的订阅计划才能进行设置。

▶▷ 步骤7　在页面下方的 Camera Settings 面板中设置将要生成的视频的画面运动信息，如将 Zoom（变焦）的数值设置为 2.0，其他信息都使用默认的设置。单击 Motion Brush（运动画笔）按钮，如图 20-12 所示。

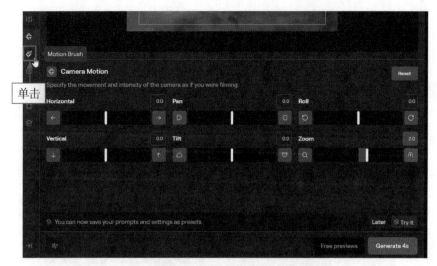

图 20-12　单击 Motion Brush 按钮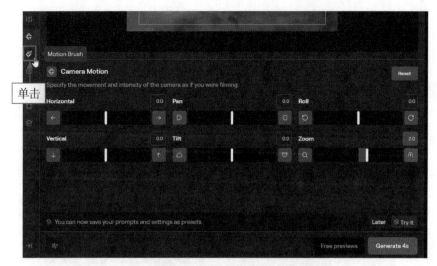

▶▶ 步骤 8　在弹出的 Motion Brush 面板中设置将要生成的视频的运动画布和定向运动信息，如选中需要重点展示的运动区域，将 Horizontal（水平的）的数值设置为 −1.0，如图 20-13 所示，其他信息都使用默认的设置，完成运动画布和定向运动信息的设置。

图 20-13　单击"完毕"按钮

▶▶ 步骤 9　执行操作后，单击 Custom Presets（自定义预设）按钮 ，如图 20-14 所示，进行自定义预设信息的设置。

▶▶ 步骤 10　页面下方的 Custom Presets 面板中会显示当前的自定义预设信息，如果还未自定义预设任何信息，可以单击 Create new（创建新的自定义预设信息）按钮，如图 20-15 所示，创建新的自定义预设信息。

单击

图 20-14　单击 Custom Presets 按钮

单击

图 20-15　单击 Create new 按钮

▶▷ 步骤11　在弹出的 Name and review preset settings（命名并查看预设设置）对话框中设置信息，如将自定义预设命名为"梅花"，单击 Create（创造）按钮，如图 20-16 所示，完成自定义预设信息的设置。

单击

图 20-16　单击"Create"按钮

▶▷步骤12 执行操作后，如果 Custom Presets 面板中显示刚刚的命名信息，就说明自定义预设设置成功了。单击 Custom Presets 面板下方的 Generate 4 s（生成 4 秒的视频）按钮，进行视频的生成，如图 20-17 所示。

图 20-17 单击 Generate 4 s 按钮

▶▷步骤13 随后，Text/Image to Video 页面的右侧会显示 Your video is queued…（您的视频已排队），如图 20-18 所示，此时只需要等待视频生成即可。

图 20-18 显示"您的视频已排队"

▶▷步骤14 如果 Text/Image to Video 页面的右侧显示视频内容，就说明视频生成成功了，如图 20-19 所示。

《花中的四君子》：运用 Runway 图像转视频生成

图 20-19　视频生成成功

专家提醒：通常情况下，使用 Runway 生成的是 4 s 的视频，如果要延长视频的长度，可以单击对应视频上方的"延长 4 秒"按钮，将视频的长度延长至 8 s。

▶▶ 步骤 15　视频生成后，用户可以播放视频，查看视频的效果。如果用户对视频的效果比较满意，可以单击视频显示区中的 Download（下载）按钮，借助浏览器下载视频，如图 20-20 所示。

图 20-20　单击 Download 按钮

▶▶ 步骤 16　参照同样的操作方法，制作兰花、竹子和菊花的视频，并下载下来以备后用。

20.4 使用腾讯智影的视频剪辑制作视频

使用 Runway 生成花中四君子的相关视频之后，用户可以使用腾讯智影的"视频剪辑"功能合成视频，从而制作一个完整的视频。这一节就来介绍使用腾讯智影的"视频剪辑"功能制作《花中的四君子》视频的具体操作步骤。

扫码看视频

▶▶ 步骤1 在浏览器中搜索"腾讯智影"，单击官网链接，进入腾讯智影的"创作空间"页面，单击页面中的"视频剪辑"按钮，如图 20-21 所示。

图 20-21 单击"视频剪辑"按钮

▶▶ 步骤2 进入腾讯智影的视频剪辑页面，单击"我的资源"面板中的"点击"按钮，如图 20-22 所示。

图 20-22 单击"我的资源"面板中的"点击"按钮

▶▶ 步骤3 在弹出的"打开"对话框中选择需要上传的视频素材，单击"打开"按钮，如图 20-23 所示，进行视频素材的上传。

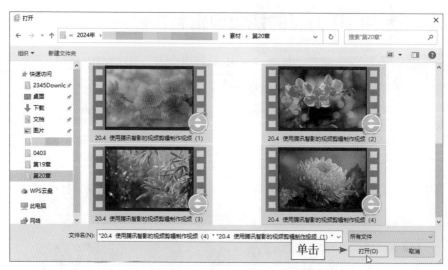

图 20-23　单击"打开"按钮

▶▶ 步骤 4　如果"我的资源"面板中的"当前使用"选项卡中出现刚刚选择的视频素材，就说明视频素材上传成功了。单击第一个视频素材中的"添加到轨道"按钮 +，如图 20-24 所示，将其添加至视频轨道中。

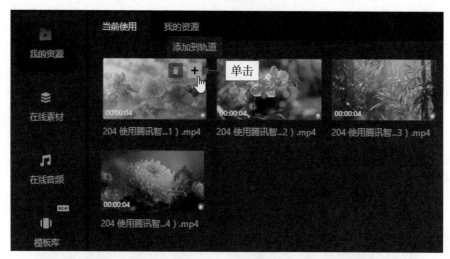

图 20-24　单击"添加到轨道"按钮 +（1）

▶▶ 步骤 5　如果视频轨道中出现对应视频素材的信息，就说明该视频素材已成功添加到轨道中，如图 20-25 所示。

▶▶ 步骤 6　参照同样的操作方法，将其他视频素材添加到视频轨道中，效果如图 20-26 所示。

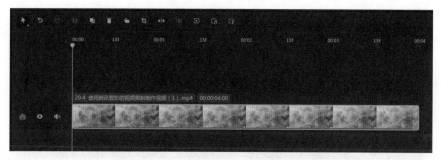

图 20-25　图片素材已成功添加到轨道中

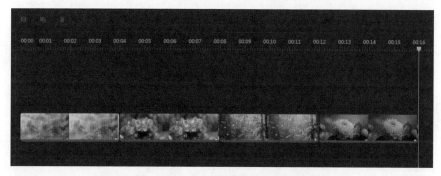

图 20-26　将其他图片素材添加到视频轨道中

▶▷ 步骤7　Runway 制作的视频是没有任何声音的，用户可以通过添加背景音乐来增强视频的效果。如用户可以单击"在线音频"按钮进入对应面板，在上方的搜索栏中输入"纯音乐"，如图 20-27 所示，并按【Enter】键搜索相关的音频。

图 20-27　在搜索栏中输入"纯音乐"

▶▷ 步骤8　随后，腾讯智影将自动搜索相关的音频，单击对应音频右侧的"添加到轨道" ✚ 按钮，如图 20-28 所示，将其添加到音频轨道中。

▶▷ 步骤9　如果音频轨道中出现对应音频的信息，就说明该音频已成功添加到轨道中，如图 20-29 所示。

图 20-28 单击"添加到轨道"按钮 ⊞（2）

图 20-29 音频已成功添加到轨道中

▶▶步骤10 此时音频轨道要比视频轨道长，用户可以将多余的音频轨道删除。选中音频轨道，将时间轴拖动至视频结束的位置，单击"分割"按钮 ▮▮，如图 20-30 所示。

图 20-30 单击"分割"按钮 ▮▮

▶▶步骤11 选中多余的音频部分，单击"删除"按钮 🗑，如图 20-31 所示，将其删除。

▶▶步骤12 将多余的音频删除之后，单击"转场库"按钮，如图 20-32 所示，为视频添加转场效果，使各视频片段的衔接更加顺畅。

图 20-31 单击"删除"按钮 🗑

图 20-32 单击"转场库"按钮

▶▶ 步骤 13 进入"转场"面板,单击对应转场效果中的"添加到轨道"按钮 ➕,如图 20-33 所示,将转场效果添加到视频轨道中。

图 20-33 单击"添加到轨道"按钮 ➕(3)

▶▶ 步骤 14 如果第一个视频片段和第二个视频片段的中间显示一个灰色的框(放大后该框中会显示转场的名称),就说明转场效果添加成功了,如图 20-34 所示。

图 20-34　转场效果添加成功

▶▷ 步骤 15　添加转场之后，"转场"面板中可以设置转场的时长，如将转场时长设置为 0.6 s，如图 20-35 所示。

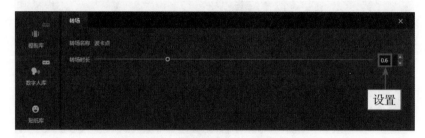

图 20-35　将转场时长设置为 0.6 s

▶▷ 步骤 16　参照同样的操作方法，在其他视频片段之间添加转场，效果如图 20-36 所示。

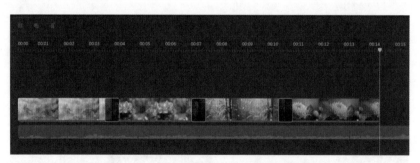

图 20-36　在其他视频片段之间添加转场

专家提醒：在腾讯智影中添加转场效果时，系统会自动在离时间轴最近的视频片段的衔接处添加转场，因此，为了给特定位置添加转场，有时候需要适当拖动时间轴。

▶▷ 步骤 17　除了音频和转场之外，还可以添加滤镜，以提升整个视频的观赏效果。单击"滤镜库"按钮，如图 20-37 所示，打开腾讯智影的滤镜库。

▶▷ 步骤 18　在"滤镜"面板中选择合适的滤镜效果，并单击"添加到轨道"

按钮 +，如图 20-38 所示，将滤镜效果添加到轨道中。

图 20-37　单击"滤镜库"按钮

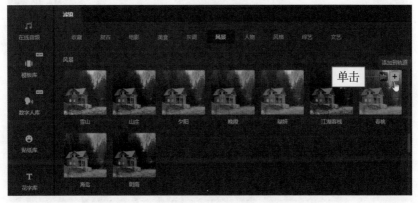

图 20-38　单击"添加到轨道"按钮 +（4）

▶▷ 步骤19　如果视频轨道上方出现一条新轨道，并且该轨道中显示对应的滤镜名称，就说明滤镜效果添加成功了，如图 20-39 所示。

图 20-39　滤镜效果添加成功

▶▷ 步骤20　按照自身需求调整滤镜效果的应用范围，如将滤镜效果应用到整个视频，如图 20-40 所示。

▶▷ 步骤21　滤镜效果添加成功之后，用户可以单击腾讯智影操作页面右上角的"合成"按钮，如图 20-41 所示，将自己制作的视频进行合成。

图 20-40　将滤镜效果应用到整个视频

图 20-41　单击"合成"按钮

▶▶ 步骤22　执行操作后在弹出的"合成设置"对话框中设置视频的合成信息，单击"合成"按钮，如图 20-42 所示，进行视频的合成。

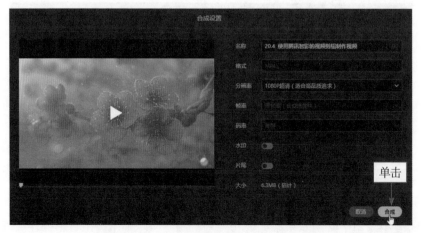

图 20-42　将滤镜效果应用到整个视频

▶▶ 步骤23　执行操作后会自动跳转至"我的资源"页面，并显示视频的合成进度，如图 20-43 所示。

图 20-43　显示视频的合成进度

▶▷ 步骤24　视频合成之后，可以单击视频封面中的 ⬇ 按钮，如图 20-44 所示，将合成的视频进行下载，以备后用。

图 20-44　单击视频封面中的 ⬇ 按钮

▶▷ 步骤25　执行操作后，在弹出的"新建下载任务"对话框中设置合成视频的下载信息，单击"下载"按钮，如图 20-45 所示，即可将视频下载至对应位置。

专家提醒：除了下载合成视频之外，用户还可以单击视频显示区中的●●●按钮，对合成视频进行重命名、发布和分享等操作。

图 20-45　单击"下载"按钮

▶▶ 步骤26 视频合成之后，除了下载合成视频之外，还可以预览视频效果。具体来说，用户只需要双击"我的资源"页面中对应合成视频的封面，即可预览《花中的四君子》的视频效果，如图 20-46 所示。

图 20-46　预览《花中的四君子》的视频效果